KB194650

THE
WARDIAN
CASE

On the Growth Plants in Closely Glazed Cases

by Nathaniel Bagshaw Ward

ⓒ in this compilation Media Sam 2025

This edition first published 1842

This edition second published 1853

일러두기

1. 너새니얼 워드가 발명한 '클로즈드 케이스_{the closed case}'는 당시 이미 고유명사처럼 불린 '워디언 케이스_{wardian case}'로 표기하였습니다.

2. 저자 주는 ✝, 편집자 주는 ＊으로 표기하였습니다.

3. 국제식물명명규약_{ICBN}에 준하여 학명 표기하였습니다.

4. '국가표준식물목록'에 등록된 학명을 우선하였습니다. 예: 버지니아귀룽나무*Prunus virginiana*, 디기탈리스*Digitalis purpurea*

5. '국가표준식물목록'에 등록되지 않은 학명은 '국제식물명색인_{IPNI}'에 준하여 외래어표기법에 따라 표기하였습니다. 단, 영문명은 번역하여 표기하였습니다. 예: 트리코마네스 스페시오숨_{이하 킬라니 고사리}, Killarney Fern, *Trichomanes speciosum · Vandenboschia speciosa*

6. 학명이 바뀌었을 경우, 전 학명, 현재 학명 순으로 병기하였습니다. 예: 토끼고사리*Cistopteris montana · Gymnocarpium dryopteris*

THE WARDIAN CASE

워디언 케이스

너새니얼 B. 워드 지음 | 이나영 옮김

media sam

200년 전, 식물 상자 하나로
지속가능한 세상을 꿈꾼 한 식물학자

1829년, 식물의 매력에 푹 빠져 있던 의사 너새니얼 워드는 유리병에 스핑크스나방의 번데기를 넣어 뚜껑을 닫은 뒤 관찰하고 있었다. 그러던 어느 날, 유리병 안에서 이상한 것을 발견한다. 번데기가 변태하기도 전 엉뚱하게 고사리 싹이 하나 올라온 것이다.

'어떻게 닫아놓은 유리병 안에서 고사리가 싹을 틔우지?'

궁금했던 그는 유리병을 서재 창문 턱에 그대로 올려두고 지켜보기로 했다. 고사리는 하루가 다르게 건강하게 자랐다. 그런데 잎이 성장하자 그는 한 번 더 놀랐다. 그 고사리는 워드가 뒷마당 정원에서 수없이 시도했지만 결국 죽이고 말았던 숫고사리였기 때문이다. 이 숫고사리는 그 병 속에서 무려 4년을 더 살았다.

워드는 그후 영국의 식물학회와 식물학자, 식물수집가 등에게 이 사실을 알렸다. 그가 발견한 원리를 적용한 '워디언 케이스'는 식물학계를 이끌었던 식물학자 윌리엄 J. 후커*, 존 엘리스**에서부터 '원예의 거상' 로디지스***에 이르기까지 수많은 전문가들이 그 '효과'를 인정하면서 식물계에 없어선 안 될 도구로 등극했다.

영국 큐왕립식물원은 3년간 64개의 워디언 케이스로 전 세계에 2,722그루의 식물을 실어날랐다. 이 케이스가 오늘날 우리가 알고 있는 '테라리움'이다. 지금 우리가 즐겨 먹는 바나나를 최초로 보급하는 데 일조한 것도 워디언 케이스다.

워디언 케이스가 식물의 생존률을 높인다는 사실이 알려지면서 연구용뿐 아니라 원예시장도 폭발적으로 성장했다. 특히 상류층의 전유물인 유리 온실을 가질 수 없던 서민들은 장식용 워디언 케이스 안에 고사리와 난초 같은 식물을 키우며 삶의 위안을 얻었다.

---

*   윌리엄 J. 후커(William J. Hooker, 1785~1865). 영국의 식물학자. 큐왕립식물원의 초대 원장을 역임했다. 그는 방대한 연구를 통해 수백 종의 식물을 분류했다. 특히 양치식물과 이끼 연구에 탁월한 업적을 남겼다.

**   존 엘리스(John Ellis, 1710~1776). 영국의 식물학자. 식물학과 해양생물학의 경계를 넘나들며 연구한 자연사학자다. 특히 식충식물 파리지옥을 과학적으로 처음 기술한 인물이다.

*** 조지 로디지스(George Loddiges, 1786~1846). 희귀 식물의 선구자. 19세기 영국에서 가장 영향력 있는 원예가 중 한 사람이다. 런던에 '로디지스 너서리(Loddiges Nursery)'를 운영하며 세계에서 가장 큰 열대 온실을 지었다. 그는 3,000종 이상의 희귀 식물을 키웠다. 특히 영국 최초로 코코넛 야자수를 온실에서 키우는 데 성공했다.

당시에는 외벽으로 돌출된 3면 창인 '베이 윈도우bay window' 구조가 일반적이었다.그림 5-5 그래서 사람들은 이 구조를 활용하여 다양한 아이디어로 워디언 케이스를 즐겼다. 워디언 케이스 덕에 실내에서도 식물을 키울 수 있게 되면서, 유럽을 중심으로 '프테리도마니아Pteridomania' 즉, 고사리 열풍Fern fever이 불었던 것도 이 즈음이다. 워디언 케이스에서 키울 만한 고사리를 채집하는 것이 유행이 되었고, 일부 종은 과도한 채집으로 멸종 위기에 처할 정도였다.

실내 식물이 런던 사람들에게 큰 위안이 된 이유는 또 있었다. 산업혁명이 절정에 이르면서 런던은 하루가 멀다 하고 공장들이 들어섰다. 그만큼 런던의 공기 오염은 최악으로 치달았다. 공장과 증기기관차, 선박 등은 석탄을 원료로 움직였고, 주택 역시 석탄으로 난방을 했기 때문에 대기 오염은 심각한 수준이었다.

심지어 공장 굴뚝에서 뿜어져 나오는 그을음이나 검댕이 나뭇잎 위에 쌓이면서 가로수는 고사했으며 식물의 잎은 말라갔다. 1873년 겨울에는 스모그로 런던 시민 1,150명이 사망했다는 기록도 있다. 이런 상황에서 워디언 케이스는 식물을 보호하는 '생명 상자'였던 셈이다.

하지만 워드는 이 케이스가 단순한 식물 상자로 머물기만을 바라지 않았다. 공기의 질은 인간에게도 중요한 문제였다. 그는 식물학자이기 전에 의사였고, 어떻게 하면 워디언 케이스의 원리로 공기질을 개선하여 인간의 건강에 도움을 줄 수 있을까 끊임없이 고민한 휴머니스트였다.

건축가들과 폐결핵 환자를 위한 요양소 건립을 추진한 것도 그 이유다. 요양소를 워디언 케이스의 원리로 만들어 청정한 공기로 환자가 회복할 수 있는 방법을 고심한 것이다. 또한 그는 식물에게 빛이 중요한 만큼 인간에게도 빛은 중요한 요소라고 생각했다. 당시 영국에서 창문의 개수만큼 세금을 부과했던 창문세를 맹렬히 비판하고 폐지를 주장한 것도 그 때문이었다.

너새니얼 워드가 유리병에서 숫고사리를 발견한 해는 1829년이다. 이 책은 13년 뒤인 1842년에 초판이 출간되었다. 이때도 워디언 케이스는 대중의 인기를 얻고 있었지만, 워드는 책 출간을 통해 좀더 명확하게 워디언 케이스의 원리를 정리할 필요성을 느꼈다.

그후 11년 뒤인 1853년, 내용을 대폭 보완하여 제2판을 출간하게 된다. 제2판에는 도판을 추가했고, 워디언 케이스를 이용한 식물 재배의 실용적인 조언을 광범위하게 포함했다. 이 한국어판은 제2판을 판본 삼아 번역되었다.

이 책에서는 워디언 케이스로 식물을 잘 키우는 방법도 알려주는데, 테라리움을 좋아하는 독자라면 곳곳에 숨은 보석 같은 팁을 찾아내는 재미도 쏠쏠할 것이다.

또한, 이 책은 그가 워디언 케이스의 원리를 어떻게 발견했는지 그 역사적인 순간을 회고한 유일한 저작이기도 하다. 아울러, 식물이 잘 자라는 조건부터 하나씩 짚어주면서, 당시 식물의 운송법과 함께 워디언 케이스가 대중적으로 어떻게 활용되었는지 친절하게 일러준다.

국내에 테라리움이 소개되는 과정에서 닫혀 있는 유리 상자를 의미하는 '클로즈드 케이스The closed case'가 '밀폐 상자'로 오역되어 마치 완전히 밀폐된 환경에서도 식물이 생존할 수 있다는 오해를 줄여지가 있었다. 물론 밀폐된 유리병에서도 식물은 살 수 있지만, 장기간 건강하게 키우기는 힘들다.

너새니얼 워드에 따르면 워디언 케이스는 뒤트로셰의 삼투압 원리와 그레이엄의 기체 확산 법칙이 자연스럽게 적용된 결과물로, 닫혔지만 공기가 순환되는 원리를 갖고 있다.

따라서 지금까지 잘못 알려진 테라리움의 원리를 발명자가 직접 소개한다는 측면에서도 이 책의 출간 의미는 남다르다.

워디언 케이스는 오늘날 탄소 격리 기술과도 일면 닮았다. 식물을 통해 탄소를 흡수하고 쾌적한 공기를 대기에 환원시키는 순환 원리이기 때문이다. 이를 위해 200여 년 전 작은 식물 상자 하나로 지속가능한 세상을 꿈꿨던 그의 혜안이 놀랍기만 하다.

신주현 _《처음 식물》 저자 · 시인

초판 서문

이 책의 내용 대부분은 이미 오래전부터 알려진 사실이다. 나는 워디언 케이스the closed case와 관련해 여러 논문을 발표하였고, 1836년 5월《식물학 매거진 해설집Companion to the Botanical Magazine》에 실린 '식물학자 윌리엄 J. 후커 박사에게 보낸 편지'에서도 이 내용을 다루었다. 그 편지는 그 후에 지인들에게 나눠주기 위해 별도로 인쇄하기도 했다. 또한, 과학계에서도 이 주제에 대한 관심이 높아져, 영국학회BAAS, British Association for the Advancement of Science에서는 세 차례에 걸쳐 별도로 회의를 열기도 했다. 특히, 에든버러의 식물학자 존 엘리스가 1839년 9월《가드너스 매거진Gardener's Magazine》에 논문을 게재하면서 더욱 주목을 받았다.

하지만 워디언 케이스에서 식물을 키우는 단순하면서도 포괄적인 원리는 여전히 명확하게 설명되지 못하고 있고, 많은 오해가 남아 있는 것이 사실이다. 따라서 이 책을 통해 나는 잘못된 개념을 바로잡고, 이 원리를 바탕으로 실험하고 식물을 키우려는 이들이 시행착오 없이 성공적으로 연구할 수 있도록 도우려 한다.

물론, 이 책이 전문가가 볼 때는 너무 세세한 설명에 치중했다고 생각할 수 있다. 반면, 식물학의 기본 원리를 전혀 모르는 독자에게는 충분히 전달이 될지 염려스럽기도 하다. 그럼에도 나는 최선을 다했다고 생각한다. 이런 순간에는 고대 로마 시인 호라티우스Quintus Horatius Flaccus의 말로 대신하는 편이 나을 것 같다.

§

당신이 이보다 더 옳다고 여기는 것을 알고 있다면 솔직하게 알려주시길. 만약 그렇지 않다면 나와 함께 이 길을 걷자.

'원예의 선구자'라 불릴 만한 로디지스에게 깊은 감사를 전한다. 연구의 초기 단계부터 그는 나에게 아낌없는 지원을 해주었다. 그의 도움이 없었다면 실험을 지속하기 어려웠을 것이다. 또한, 큐왕립식물원의 존 스미스, 첼시보타닉가든의 오랜 친구 앤더슨, 원예학회 부속정원의 존 린들리 박사, 에든버러의 제임스 맥냅, 더블린의 매키, 버밍엄의 카메론 등 연구를 위해 소중한 식물 표본을 보내 준 여러 친구들에게 깊은 감사를 전한다. 그들의 관심과 도움이 없었다면 이 연구는 더욱 힘겨운 여정이 되었을 것이다.

1842년 3월, 웰클로즈 스퀘어에서

너새니얼 B. 워드

제2판 서문

 워디언 케이스가 사람들에게 알려진 지 몇 년밖에 되지 않았지만, 그 용도는 크게 두 가지로 나뉘어 활용되고 있다. 하나는 주로 노지에서 자라기 힘든 식물을 키우기 위해, 그리고 다른 하나는 먼 나라로 식물을 안전하게 운송하기 위해 사용한다.

 워디언 케이스는 점점 그 활용이 늘어나고 있지만 여전히 많은 사람들은 식물을 키우는 데 실패를 경험하고 있다. 하지만 이것은 대개 준비가 부족하거나 정보가 많지 않아 생기는 문제일 뿐이다. 적절한 온도와 빛 등 자연적인 조건만 맞춰준다면 워디언 케이스에서 키울 수 없는 식물은 없다.

 한편, 선박을 통한 식물 운송은 이제 전 세계적으로 워디언 케이스를 이용하는 방식이 보편화되었다. 문명화된 거의 모든 지역이 이 방법으로 혜택을 누리고 있다.

 하지만 워디언 케이스의 원리를 인간과 동물에게 적용한다면 그 가능성은 더욱 커진다. 지금까지 이 개념은 실제적인 해결책이라기보다는 철학적인 관점에서만 논의되었지만, 그 가치는 결코 가볍지 않다.

워디언 케이스의 원리를 이용한다면 인간은 쾌적한 공기를 누릴 수 있다. 이미 많은 생리학자들도 양질의 빛과 공기가 우리에게 유익한 영향을 준다는 사실은 인정하고 있다. 하지만 입법자나 의료계, 그리고 과학계 전반에서는 아직 충분하게 주목을 받지 못하고 있는 실정이다.

나는 1838년 4월, 패러데이* 교수의 도움으로 왕립연구소Royal Institution에서 워디언 케이스 강연을 한 적이 있다. 이 자리에서 처음으로 빛과 인간의 건강에 대한 문제를 제기했고, 그 후 여러 자리에서도 이 개념을 알리는 데 힘썼다. 특히 빛의 중요성을 강조하며 창문세Window tax** 폐지와 관련된 논의를 할 때도 이 문제를 다

---

*   마이클 패러데이(Michael Faraday, 1791~1876). '전자기학의 아버지'라 불린 영국의 물리학자. 전자기 유도 법칙, 패러데이 법칙, 전기분해의 법칙을 확립한 인물이다. 그는 너새니얼 워드와 교류하며 기후 조절 개념을 논의하는 등 다양한 학문적 영향을 미쳤다.

**   18~19세기 건물 창문 수에 따라 부과한 유럽의 세금제도. 창문세는 사회적 불평등과 생활 환경 문제를 초래하여 1851년에 폐지되었다.

루었다._{p. 216 참고} 1851년 런던에서 개최된 《만국박람회 공식 카탈로그_{Illustrated Catalogue of the Great Exhibition}》에서는 워디언 케이스에 대해 다음과 같이 설명했다.

§

가장 혼잡한 도시 한가운데서도 가장 연약한 식물의 성장을 돕는 맑고 적절한 습도를 지닌 공기야말로, 수많은 질병 치료에 헤아릴 수 없이 많은 도움을 줄 것이다.

같은 해에, 건축가 조셉 팩스턴*과 몇몇 인사들 또한 만국박람회가 개최되었던 수정궁_{Crystal Palace}의 보존과 폐결핵병원의 요양소

---

* 　조셉 팩스턴(Joseph Paxton, 1803~1865). 영국의 건축가이자 원예전문가. 그의 대표적인 건축물은 1851년 '런던 만국박람회'가 개최된 수정궁이다. 그는 정원과 온실 설계의 경험을 바탕으로 워디언 케이스와 유사한 원리의 거대한 유리 건축물인 수정궁을 만들었다. 또한 그는 수정궁과 같은 유리 구조물을 공공 공간으로 바꾸어 도시 거주자들에게 깨끗한 공기와 자연광, 그리고 쾌적한 환경을 제공하고자 했다.

설립과 관련하여 이와 유사한 주장을 펼쳤다._{p. 226 참고} 맑은 공기는 생명과 직결되는 중요한 문제인 만큼, 의료인들이 환자들에게 지속적으로 맑은 공기를 제공할 수 있도록 더욱 관심을 기울여주었으면 한다. 나는 과학과 의학의 발전이 결국 이것을 실현시키리라고 믿고 있다. 또한 과학이 진보하면서, 인류는 지구상의 어떤 기후라도 인공적으로 재현하고 유지할 수 있는 능력을 갖추게 될 것이다.

물론, 팩스턴이 제안한 요양소 설립이 모든 폐질환 환자들에게 동일하게 혜택을 줄 수 있는 것은 아니다. 기존의 요양소와 폐결핵 병원의 환경은 근본적으로 다를 수밖에 없기 때문이다.

다운 경에게 특히 감사의 뜻을 전한다. 그는 소중한 친구인 쿼켓 목사의 친절한 도움으로, 그가 오래전 살았던 지역의 가난한 이들에게 워디언 케이스를 설치할 수 있도록 지원해주었다.

초판 서문에서 언급한 분들 외에도 여러 분들께 감사를 전하고 싶다. 캔터베리의 앨더먼 마스터스는 과학에 대한 깊은 애정으로 수백 종의 훌륭한 식물을 보내주었으며, 더블린의 W. H. 하비, H.

크리스티, 동인도의 R. 와이트 박사, 그리고 미국 케임브리지대학교의 에이사 그레이 박사 또한 귀중한 식물 표본을 제공해주었다. 마지막으로, 이 작은 책에 아름다움을 더해주신 에드워드. W. 쿡과 S. H. 워드께도 깊은 감사의 마음을 전한다.

1852년 9월, 클래펌에서

니새니얼 B. 워드

차례

§

그곳,

그들이 사랑하는 땅에서

독초와 쑥이 거칠게 뻗어나와 집 주변을 에워싼다.

여기에선 억센 아욱이 끈적한 뿌리를 내리고

저기에선 어둑한 독말풀이 치명적인 열매를 매단다.

먼지 이는 언덕 위로 시든 녹색의 미치광이풀과

창백한 향을 품은 가느다란 꽃들이 보인다.

벽 아래에는 불타는 듯 솟아오른 쐐기풀이

둥근 열매 맺으며 독침으로 위협하고

그 위에는 오랜 세월 퍼져 자란

노란 돌나물이 낮게 깔려 있다.

틈새마다 윤기 나는 고사리가 몸 숨기듯 자라고

그 아래 불그스름한 꽃들이 피어난다.

_조지 크래브(George Crabbe)

CHAPTER I

식물이
살 수 있는 조건

식물이 자라는
환경

식물을 잘 키우기 위해서는 자연에서 식물이 어떻게 자라는지 그 조건을 제대로 이해하는 것이 중요하다. 이 주제를 이야기하려면 한정된 지면으로는 모자를 것이다. 하지만 한 가지는 분명하다. 자연에서 식물이 자라는 방식을 배우지 않는다면, 우리는 경험에만 의존하며 시행착오를 거듭할 것이고, 결국 실패를 할 수밖에 없다.

우리 지구의 식생을 살펴보면 무한한 다양성에 놀라지 않을 수 없다. 적도의 뜨거운 태양 아래에 우거진 웅장한 야자나무와 폴리네시아의 빵나무에서부터 라플란드Lappland, 지금의 스칸디나비아 북부의 순록이끼Cladonia rangiferina와 북극의 얼어붙은 대지 위에 선홍빛을 띠며 피어나는 수박눈Chlamydomonas nivalis에 이르기까지, 그야말로 생명의 다양성은 끝이 없다.

하지만 이 끊임없는 변주 속에서도 식물은 결코 우연에 기대어 성장하는 법이 없다. 자연은 엄격한 법칙에 따라 각기 다른 기후 조건 안에서 조화롭게 균형을 이룰 뿐이다.

§

종려주일에 로마 사람들은 종려나무 가지를 들고
추기경은 경건히 머리 숙여 찬송가를 부르지만,
따뜻한 나라에선 종려나무 가지 대신 올리브 가지를 든다.
더 추운 나라에선 호랑가시나무로 대신하고,
더 먼 북쪽 땅에서는 버드나무 가지 하나만 가지고
감사한 마음 담아 찬송가를 부른다.

_괴테(Goethe)

북극에서부터 적도까지
적응한 식물

식물은 지표 온도 영하 30도에서 80도에 이르기까지 실로 다양한 환경에서 살아간다. 북극해의 혹독한 기후 속에 위치한 스피츠베르겐Spitzbergen 섬은 여름에도 땅이 몇 센티미터밖에 녹지 않는 추운 곳이다. 이곳에는 북극버드나무Salix arctica가 영구동토층 표면에서 불과 2~5센티미터 정도의 얇은 흙 속에서 살아간다. 이 나무의 줄기는 하늘로 뻗지 못한 채 땅을 기며, 수평으로 몇 미터씩 뻗어나가며 생존을 이어간다.

라플란드에서는 순록이 겨울을 날 수 있는 유일한 먹이가 순록이끼다. 만약 이 이끼가 없다면, 순록뿐만 아니라 그들을 기르는 주민들 또한 살아남기 힘들 것이다.

하느님의 섭리는 더운 지역에도 동일하게 적용된다. 멕시코에서는 지표 온도가 무려 70~80도까지 치솟는다. 그 뜨겁고 메마른 땅 위에서도 살아남은 식물이 있으니 바로 선인장들이다. 이들은 극심한 가뭄 속에서도 견딜 수 있도록 특화되어 있다. 만약 이런 식물이 없다면 이 뜨거운 지역들은 이웃 나라 사이의 왕래를 가로막는 장벽이 되었을 것이 분명하다.

이 지역에서는 용과$_{Hylocereus\ polyrhizus}$ 외에는 마실 것과 먹을 것을 찾을 수가 없다. 프랑스 탐험가 하디$_{R.\ W.\ H.\ Hardy}$에 따르면, 그는 자신과 동료들이 이 열매만으로 나흘을 버텼다고 한다. 용과는 일반적인 과일과 달리 갈증을 유발하지 않으면서도 갈증과 허기를 동시에 달래준다.

식물학자 생 피에르$_{J.-H.\ St.\ Pierre,\ 1737-1814}$는 선인장을 '사막의 샘물'이라 불렀다. 남미의 팜파스$_{Pampas}$ 초원지대가 건기에 접어들면 모든 동물들은 뜨거운 열기를 피해 이곳을 떠나지만, 카이만악어와 보아뱀은 오히려 수분이 남아 있는 진흙 속으로 파고들어가 깊은 잠에 빠져든다. 또한, 야생 나귀는 본능적으로 선인장의 날카로운 가시를 발굽으로 조심스럽게 제거한 뒤, 식물 속에 숨겨진 시원한 수액을 빨아 먹는다. 그림 1-1

생장을
결정하는 빛

§

봄비가 촉촉히 땅을 적시고
꽃들이 만발하여 향기 가득할 때

그림 1-1. 백검옥선인장

남미의 팜파스 초원지대에 사는 야생 나귀는 본능적으로 선인장의 날카로운 가시를 발굽으로 조심스럽게 제거한 뒤, 시원한 수액을 빨아 먹는다.

어린 식물은 그 품에서 자라나

계절이 차려준 싱그러운 꽃망울을 터트린다.

하지만 따뜻한 5월 햇살을 받지 못한다면

그 꽃들은 시든 머리를 떨굴 수밖에 없다.

빛이 식물에게 미치는 영향은 절대적이지만, 빛의 강도는 지역마다 다르다. 천문학자 허셜J. W. Herschel, 1792~1871에 따르면, 아프리카 최남단의 곶인 희망봉Cape of Good Hope에 내리쬐는 태양빛은 영국의 가장 밝은 여름과 비교하여 약 1.5배나 더 강하다. 한편 어떤 지역에서는 겨우 촛불 절반의 밝기에서도 식물이 자라기도 한다.

식물을 잘 키우기 위해서는 적절하게 빛을 공급하는 것은 필수다. 특히 꽃 식물은 일반적으로 고사리보다 더 많은 빛이 필요하기 때문에, 실내의 워디언 케이스에서 키우는 것이 상대적으로 어렵다.

나의 유리 온실 '틴턴수도원 온실Tintern Abbey House' 안에는 덩굴해란초Cymbalaria muralis가 틴턴수도원영국 웨일스의 12세기 수도원 모형과 함께 몇 년간 자라고 있다. 그림 1-2 덩굴해란초 가지의 일부는 빛을 향해 뻗어 있는데, 이 가지들은 정상적으로 자라 꽃과 열매도 풍성하게 맺었다. 하지만 모형과 창 사이의 어두운 공간으로 뻗어 있는 가지

워디언 케이스

그림 1-2. '틴턴수도원 온실'

북향 공간에 약 2.4미터 정방형 크기로 마련한 작은 온실 '틴턴수도원 온실'. 온실 안에는 틴
턴수도원 모형이 배치했다.

들은 꽃과 열매를 전혀 맺지 못했다. 잎의 크기 또한 정상적인 크기의 10분의 1에 불과했다. 이 식물의 표본은 '부족한 빛이 식물에게 미치는 영향'을 입증하는 사례 중 하나로 재무장관에게 직접 소개하기도 했다.[†] 식물에게 주어진 조건은 모두 같았지만, 빛의 유무가 생장에 결정적인 차이를 만들어낸 것이다.

7~8년 동안 야외에 놓아둔 워디언 케이스에서 건강하게 자라던 요정장미Fairy rose가 있었다. 이 식물은 런던 만국박람회 전시를 위해 옮기게 되었는데, 전시장 내의 어두운 복도에 배치한 지 두어 달 만에 죽고 말았다. 얼마 안 되는 기간이었는데도 오랜 세월 다양한 기후 변화를 겪으며 입은 피해보다 훨씬 더 심각한 영향을 받은 것이다.

빛은 식물에게 에너지를 공급하여 추위를 견디고, 대사물질을 왕성하게 생성할 수 있도록 돕는다. 하지만 같은 식물일지라도 자라는 환경에 따라 성질은 얼마든지 달라질 수 있다. 한 예로, 대마 Cannabis sativa 는 온대지방에서는 비활성 상태로 특별한 효과를 내지 못하지만, 열대지방에서는 강력하고도 위험한 대사물질을 만들어낸다. 인간은 이러한 원리를 활용하여, 엔다이브나 샐러리처럼 원

[†]   1850년, 창문세 폐지를 위해 재무장관을 면담하는 사절단이 방문한 자리에서 이루어진 일이다.

래는 먹을 수 없었던 식물들을 식용으로 활용하기도 한다.

§

북아메리카에서는 빛이 식물의 잎을 착색하는 방식이 매우 광범위하면서도 극적으로 나타난다. 이 지역에는 구름이 광대한 숲을 며칠 동안 뒤덮으며 태양빛을 완전히 차단할 때가 있다. 어느 해에는 새싹이 돋아나는 시기에 20일 동안이나 태양이 가려진 적도 있다. 그동안 나뭇잎은 그나마 완전히 성장했지만, 나뭇잎의 색은 창백했다.

그러던 어느 날 아침, 태양이 다시 모습을 드러내자 잎은 빠르게 색이 변해갔다. 그날 오전, 수 킬로미터에 달하는 숲 전체가 한순간에 여름의 짙은 녹색 옷을 입은 갈아입었다.

_존 엘리스

비옥한 땅의 근원,
물

물이 없다면 식물은 존재할 수 없다. 온도나 빛이 어떻든 간에, 물만 있으면 식물은 어떤 식으로든 살아간다. 식물은 모래 사막에서도 오아시스를 만들고, 북극의 눈 속에서도 자라며, 심지어 온천물 속에서도 자란다. 수분의 정도는 지역에 따라 크게 다르다.

식물학자 앨런 커닝햄*은 뉴홀랜드_{지금의 호주}에서 극도로 건조한 대기와 토양 조건 속에서도 많은 식물종이 자라는 것에 자주 놀라움을 표하고는 했다. 뉴홀랜드의 식물들은 선인장처럼 겉보기에는 가뭄을 견딜 수 있는 구조가 아닌 것 같지만, 뱅크시아*Banksias*나 아카시아*Acacia*는 몇 달 동안 이슬이나 비가 전혀 없는 상태에서도 살아남는다. 심지어 뿌리에서 몇 미터 아래까지 땅을 파도 전혀 물을 찾을 수 없는데도 말이다.

반면, 수생식물 외에도 공중습도가 높아야 생존할 수 있는 식물도 많다. 특히, 트리코마네스 스페시오숨 이하 킬라니 고사리. Killarney Fern, *Trichomanes speciosum · Vandenboschia speciosa*이나 폭포 주변의 바위에 붙어 자라는 식물들이 그렇다. 식물을 키우는 데 가장 중요하지만 간과하는 것 중 하나가 바로 식물에게 필요한 물을 적절하게 주는 것이다.

식물학자 윌리엄 J. 후커 박사는 인도 다르질링에 위치한 캠벨 박사_{Archibald Campbell, 1805~1874}의 정원에 대해 이야기를 들려준 적이

---

*   앨런 커닝햄(Allan Cunningham, 1791~1839). 영국의 탐험가이자 식물학자. '호주 식물 연구의 선구자'로 불린다. 대규모 식물 채집과 기록을 통해 영국과 호주 간 식물 교류를 촉진한 인물로 평가되며, 호주 자생식물 3,000여 종을 수집하여 기록했다.

있다. 그의 집 서쪽에는 400미터 높이의 수직 절벽이 서 있고, 그 절벽 한쪽은 집에 가려 그늘이 져 있다고 한다.

매년 이 절벽에 진달래 속의 로도덴드론 델하우지*Rhododendron Dalhousie*가 찾아왔다. 로도덴드론 씨앗은 인근 숲에서 바람을 타고 오거나 새의 배설물에 실려온 것이었다. 그러나 로도덴드론은 제대로 자리 잡지 못하고 모두 죽어버렸다.

그런데 최근 2년 전부터는 석송*Lycopodium clavatum*과 셀라지넬라*Selaginella*, 우산이끼*Marchantia*와 같은 고사리와 이끼류가 그늘진 절벽에 자리를 잡기 시작했다. 그후 이 식물들이 절벽에 붙어 살면서 물을 공급하는 역할을 한 것이다. 로도덴드론은 새로 찾아온 식물들 덕에 이곳에서 꽃을 피워내며 번성할 수 있었다.

이것이 자연에서 자라는 식물들이 잘 가꾼 인공 정원보다 잘 자라는 이유다. 자연에서는 땅이 다양한 식물들로 완전히 덮여 있어, 식물이 증산작용을 하면서 끊임없이 공기중의 습도를 유지해주는 것이다. 이것은 비만큼이나 식물 생장에 중요한 역할을 한다.

한편, 페루의 연안에서는 비가 거의 내리지 않는다. 그러나 5월부터 여섯 달 동안은 오전 9시부터 오후 3시까지 얇은 구름층이 해안을 덮는다. 이 구름층이 해안을 덮기 시작하면, 해안가의 모래 언덕은 마법이라도 걸린 듯 순식간에 아름다운 정원을 펼쳐낸

다. 구름층이 형성하는 해무가 대기 중에 충분한 습도를 공급하기
때문이다.

이와 반대로, 우리가 잘 아는 것처럼 많은 산악 지역의 나무를
무차별적으로 벌목하면 불모지가 되어버린다. 나무는 뿌리를 이용
하여 땅속 깊은 곳의 물을 끌어올리고 남은 수분은 증산작용을 함
으로써 땅을 비옥하게 만드는데, 무차별적인 벌목으로 나무가 그
역할을 못하는 것이다. 숲을 보존하는 것은 그래서 중요하다. 특히
우리 강의 근원인 숲을 지키기 위해서, 무엇보다 우리와 우리 다음
세대를 위해서 말이다.

식물에게
필요한 휴식

§

우리가 무심코 밟은 보잘것없는 풀도

정원의 식물이 가을에 낙엽을 떨굴 때도

그들은 봄을 예고하며 짧은 잠에서 다시 생명으로 깨어난다.

모든 식물에게는 휴식이 필요하다. 어떤 곳에서는 혹독한 겨울

워디언 케이스

의 추위가, 또 어떤 곳에서는 뜨겁고 메마른 여름의 열기가 식물들에게는 휴식이 되기도 한다. 하지만 식물을 키우는 사람들은 종종 이 점을 잊고 실패를 경험한다.

예를 들어, 대부분의 고산식물들은 눈 속에서 몇 달 동안 깊은 휴식을 취해야 건강하게 성장할 수 있다. 하지만 온화하고 변덕스러운 겨울을 가진 영국에서는 이런 식물을 키우기란 쉽지 않다.

식물학자 존 발포어John H. Balfour, 1808~1884와 찰스 바빙턴Charles C. Babington, 1808~1895은 스코틀랜드 해리스Harris 섬의 고산지대를 탐험한 적이 있다. 그들은 이 지역이 스코틀랜드 내륙과 다르게 독특한 기후를 가지고 있다는 것을 발견했다. 해리스 섬은 북위 68도라는 높은 위도에도 불구하고 대서양의 해양성 기후 덕에 온화하다. 그 때문에 같은 위도에 있는 내륙의 고산지대에서 흔히 볼 수 있는 식물도 이곳에서는 발견되지 않았다. 일부 식물만이 바람이 강하게 부는 특정 지대에서 제한적으로 서식할 뿐이었다. 같은 이유로, 스코틀랜드 내륙의 높은 위도에서 보기 힘든 몇몇 식물들이 이곳에서는 쉽게 발견됐다. 미세한 기후의 차이가 식물의 생존과 분포에 얼마나 큰 영향을 미치는지 보여주는 사례다.

1850년, 런던의 겨울은 폭설로 시작되었다. 그때 나는 고산식물의 생존 환경을 유지하기 위해 알파인 케이스Alpine case를 만든 적이 있다. 그 상자 안을 눈으로 가득 채워 식물들에게 3~4개월 정도 완벽한 휴식을 준 것이다. 결과는 기대 이상이었다. 앵초 속의 프리뮬라 마르지나타*Primula marginata*, 린네풀*Linnaea borealis*과 같은 고산 식물들이 평소보다 훨씬 아름다운 꽃을 피웠다. 나는 이들 중 많은 식물이 5~6개월 정도 얼음 저장고에서 보관된다면 더욱 건강하게 자랄 수 있을 것이라 확신한다.

한편, 건조한 지역에 사는 식물 중에서 이집트의 청색 수련 *Nymphaea caerulea*은 매우 독특한 방식으로 휴식을 취한다. 그림 1-3 오스만제국의 대재상 이브라힘 파샤*Ibrahim Pacha, 1789~1848*의 정원사 트레일*Traille* 씨가 알려준 바에 따르면, 이 식물은 이집트 알렉산드리아의 여러 운하에서 자란다고 한다. 그런데 건기가 오면 운하의 바닥은 완전히 말라, 도로로 사용할 정도로 단단하게 굳는다. 물 없이 살 수 없는 청색 수련은 그때에 맞춰 흙 속에 뿌리만 남기고 휴식에 들어간다. 그후 건기가 지나고 운하에 다시 물이 흐르면, 이 식물은 놀라울 정도의 강한 생명력으로 성장을 재개한다.

희망봉의 모래 평원은 태양열이 너무 뜨거워서, 한번은 천문학자 윌리엄 허셜이 뜨겁게 달궈진 땅 위에 양고기 스테이크를 익혀 먹었다고 한다.[†] 이처럼 극심한 열기와 강렬한 태양빛은, 기후 조건이 전혀 다른 영국에서 희망봉 원산의 구근식물이 왜 제대로 살

2 NYMPHÆA CÆRULEA.

그림 1-3. 청색 수련

이집트의 청색 수련은 알렉산드리아의 여러 운하에서 자란다. 건기에 운하의 바닥이 마르면
휴식이 들어갔다가, 물이 다시 흐르면 강력한 생명력으로 성장을 재개한다.

수 없는지 그 이유를 명확히 알려준다.

세일론지금의 스리랑카 자프나Jafna에서는 한 해 동안 포도나무가 두 번 열매를 맺는다. 이 지역은 겨울의 혹독한 추위나 여름의 극심한 건기가 없기 때문에 포도나무가 휴식을 취할 수 없는 곳이다. 그럼에도 불구하고, 이곳 농부들은 독창적인 방법으로 한 해에 포도를 두 번 수확한다. 겉보기에는 극복할 수 없을 것 같은 자연의 한계를, 인간의 지혜로 뛰어넘은 것이다.

나는 세일론의 주교 제임스 챔프먼James Chapman에게 이 흥미로운 이야기를 전해 들은 적이 있다.철학자 토머스 브라운의 말을 빌리자면, 제임스 채프먼은 '자연에서 신의 섭리는 찾는 사람'이다. 그에 따르면, 자프나에서는 농부들이 인위적으로 포도나무에게 휴식을 준다고 한다. 이를 위해서 땅속 60센티미터 깊이까지 뻗어내린 포도나무의 뿌리를 조심스럽게 꺼내 4~5일간 노출을 시킨다. 이때 포도나무는 뿌리로 온도 변화 등을 감지하여 겨울이 온 것으로 착각하고 강제적인 휴식 상태에

---

† 브라질과 같은 따뜻하고 건조한 지역에서는 해안가의 울창한 숲과 달리, 수목이 빽빽하게 자라거나 크게 성장하는 경우가 드물다. 건기가 오면 나무들은 잎을 모두 떨어뜨리기 때문에, 브라질에서는 이러한 숲을 '밝은 숲(Caa-tinga)'이라 부른다. 특이한 점은, 비가 내리지 않아도 이 숲은 몇 년 동안 잎 하나 없이 그대로 견딜 수 있다는 것이다. 그러나 마침내 비가 내리기 시작하면, 단 48시간 만에 숲 전체가 가장 부드럽고 싱그러운 초록빛으로 뒤덮이며 마치 새로운 옷을 갈아입은 듯한 경이로운 변화를 보여준다.

　　　　　　　　　　　　　　워디언 케이스

들어간다는 것이다.

휴식기가 끝나면 농부들은 뿌리를 다시 땅에 묻고 거름으로 덮은 뒤 꾸준히 물을 주며 관리한다. 그러면 크기는 비록 작더라도 풍미가 깊고 맛이 뛰어난 포도를 수확할 수 있다.

간혹 영국에서도 이와 비슷한 현상을 본 적이 있다. 금사슬나무 *Laburnum anagyroides*는 기온이 극단적으로 변하면 휴식에 들어가는 식물이다. 일반적으로 이 식물은 겨울에 휴식을 취하지만, 여름 무더위가 길어지면 생장을 멈추고 강제로 휴식에 들어가기도 한다. 그러다 가을비가 내려 기온이 내려가면, 금사슬나무는 봄이 온 것으로 착각하고 다시 한 번 꽃을 피워내는 것이다.

지구상의 모든 식물은 다양한 환경 속에서 살아남기 위해 자신의 구조와 특성을 그 기후에 맞게 변화해왔다. 식물들은 그렇게 독특한 식생을 만들며 모든 지역에 정착할 수 있던 것이다.

경험 많은 식물학자라면, 미지의 땅이라 할지라도 그곳에서 자생하는 식물을 관찰하는 것만으로도 그 땅이 가진 생태적 잠재력을 예측할 수 있다. 이들의 지식이 굶주림과 싸우는 수많은 이들에게 실질적인 도움이 되어, 새로운 터전에서 삶을 개척하는 데 유용하게 쓰이길 바랄 뿐이다.

식물의 놀라운
적응력

기후와 식물이 얼마나 긴밀하게 연결되어 있는지 명확하게 이해하기 위해 몇 가지 예를 더 들어보자. 어떤 식물은 특정 환경에서만 생존할 수 있는 반면, 어떤 식물은 오히려 다양한 기후 조건에서도 강력한 적응력을 보인다. 사실, 같은 식물이라 할지라도 각각의 개체가 지닌 생리적 특성은 조금씩 다르다.

킬라니 고사리와 런던프라이드London pride, *Saxifraga×urbium*는 이러한 차이를 잘 보여준다. 자연에서 이 두 식물이 함께 자라는 것을 보았다고 해서 키우는 법 또한 같다고 생각하면 큰 오산이다. 이들의 환경 조건은 서로 매우 다르기 때문이다.

이 두 식물은 모두 아일랜드 남서부 케리 주의 킬라니 호수Killarney Lakes 인근 바위 틈에서 자생한다. 그러나 킬라니 고사리는 극도로 키우기 까다로운 식물이다. 아일랜드에는 "킬라니 고사리를 키울 수 있는 사람은 행운아"라고 말할 정도다. 반면 런던프라이드는 어떤 환경에서도 잘 적응한다. 심지어 아무런 손길 없이도 수년간 무성하게 자라는 식물이다.

한편, 앵초 과의 프리물라 아우리쿨라*Primula auricula*는 알프스에서만 자생한다. 일반적으로 키우기 까다로운 식물들과 함께 자랄 만큼 특정 기후 조건에서만 살아가는 식물이다. 그와 반대로 버지니아귀룽나무*Prunus virginiana*는 폭넓게 분포되어 있다. 다만, 미국 남부에서는 최대 30미터까지 자라는 반면, 서스캐처원Saskatchewan, 지금의 캐나다 중부에 위치한 주의 모래 평원에서는 고작 6미터 정도밖에 자라지 않는다. 더욱이 북쪽 끝인 북위 62도의 그레이트 슬레이브 호수Great Slave Lake에 이르면, 이 나무는 1.5미터 높이에 불과할 정도로 왜소해진다.

만약 우리가 열대지방의 고산지대를 오른다면, 저지대에서는 바나나와 야자수, 대나무 등을 볼 수 있고, 중간지대에서는 온대 기후에서 자라는 참나무와 너도밤나무를 볼 수 있으며, 고지대에 이르면 북극 지역에서 사는 베리 식물이나 수박눈도 볼 수 있을 것이다. 하지만 이러한 풍경을 보기 위해 군이 먼 나라로 여행을 가거나 산에 오를 필요는 없다. 우리 주변 어디에서나 이와 같은 풍경은 얼마든지 볼 수 있기 때문이다.

한번은 영국 켄트의 어느 숲에서 활짝 꽃 핀 한해살이풀 센토리 Centaury, *Erythraea centaurium*를 채집한 적이 있다.그림 1-4 이 식물은 거의 잎이 없는 상태에서 작은 꽃 하나만을 피운 채, 강렬한 태양빛 아래 맨땅에서 자라고 있었다. 나는 이 식물이 핀 자리를 따라 숲 속으로

그림 1-4. 센토리

센토리는 태양 빛이 강하게 내리쬐는 지대에서는 매우 작은 꽃으로 피어나지만, 숲 속 공간에서는 1미터 이상 군집을 이루며 수백 송이의 꽃을 피운다.

걸어 들어가보았다. 숲 속에 들어서자 센토리는 아까보다 잎도 크고 풍성했다. 마침내 숲의 탁 트인 공간이 나오자, 이 식물은 무려 1미터 이상 자라 군집을 이루며 수백 송이의 꽃을 피우고 있었다.

자연이 주는
끝없는 경이로움

우리는 1년 내내 끊임없이 자연의 아름다움을 발견한다. 이른 봄에는 앵초와 제비꽃, 아네모네가 가장 먼저 꽃을 피우며 생명의 서막을 알리고, 여름이 오면 난초가 그 자리를 이어받는다. 가을에는 엉겅퀴풀과 초롱꽃을 비롯한 다양한 식물이 차례로 만개하고, 겨울에도 눈에 보이지 않는 작은 생명체들이 썩은 나뭇잎과 작은 가지들 위에서 살아간다. 이 모든 식물들은 서로 간섭하지 않고, 해마다 그리고 세대를 거치면서 같은 자리에서 조화롭게 생명을 이어가고 있다.

'자연'이라는 위대한 책은 —자연철학자 존 레이_{John Ray, 1627~1705}의 마음을 창조의 신비와 신의 지혜로 가득 채웠던 것처럼— 지금도 우리 앞에 활짝 펼쳐져 있다.

§

만물은 서로 마주하여 짝을 이루고 있으니 그분께서는 어느 것
도 불완전하게 만들지 않으셨다. 하나는 다른 하나의 좋은 점을
돋보이게 하니 누가 그분의 영광을 보면서 싫증을 느끼겠는가?

_〈집회서〉 42:24~25

만약 인간의 모든 지혜를 총동원한다면, 자연의 아름다움과 조
화로운 질서를 그대로 실현할 수 있을까? 인간은 결코 자연을 완벽
하게 재현할 수 없을 것이다.

§

인간이 그 일을 끝냈다고 생각할 때가 바로 시작이고 중도에 그
친다 해도 미궁에 빠지기 마련이다.

_〈집회서〉 18:7

식물이 자연에서 살아가는 환경을 이해하고 그들이 적응하는
다양한 조건을 아는 것은 식물을 키우는 사람에게 가장 중요한 일
이다. 철학자이자 천문학자 존 허셜은 이렇게 말했다.

§

　자연의 법칙을 거스른다면, 자연은 우리에게 위협적이고 강력한 적이 될 수 있지만, 반대로 그 원리를 이해하고 따른다면 자연은 우리의 상상을 초월하는 강력한 도구가 된다. 따라서 우리는 자연의 법칙을 이러한 관점에서 바라보고, 이를 인류의 발전과 지속 가능성을 위해 활용해야 한다.

　첫 번째, 자연의 법칙을 올바로 이해하면 불가능한 일에 불필요한 시간과 자원을 낭비하지 않게 된다.

　두 번째, 실현 가능한 목표를 추구할 때, 비효율적인 방법으로 실수를 저지르는 위험을 피할 수 있다.

　세 번째, 우리의 목표를 가장 쉽고 빠르며, 경제적이고 효과적으로 달성할 수 있다.

　네 번째, 자연의 법칙을 깊이 이해하면 우리가 미처 상상하지 못한 새로운 가능성을 발견하고 도전할 기회를 얻는다.

_존 허셜, 《천문학 스케치북(A Preliminary Discourse on the Study of Natural Philosophy)》 중에서

§

도시에서 식물이 자랄 수 있을까.

아무리 씨앗을 뿌리고 밭을 갈아도

메마른 땅은 답이 없다.

삭막한 돌 위에 뿌리 내리려 애쓰는 건

바람에게 몸 맡기는 나무처럼 헛된 몸짓일 뿐.

식물이 숨 쉬기에 이 땅은 너무 삭막하다.

_아브라함 카울리(Abraham Cowley)

CHAPTER II

식물을
방해하는 도시

식물을 죽이는
대기 오염

식물이 살아가기에 도시는 척박하다. 빛과 습도는 부족하고 대기 오염이 심하기 때문이다. 앞서 말했듯이 빛이 부족하면 일부 식물은 성장을 못하지만, 이것이 식물이 자라지 못하는 유일한 이유는 아니다. 이끼류는 런던 어디에서나 충분히 빛을 받지만, 그렇다고 다 잘 자라는 것은 아니기 때문이다.

그렇다면 물이 부족해서일까? 꼭 그렇지도 않다. 내가 워디언 케이스에서 식물을 키우기 훨씬 전에도, 야외에서 키우던 식물들에게 항상 충분히 물을 주었지만 시들어버리기 일쑤였다. 만약 습도가 원인이라면, 항상 습기를 머금고 있는 런던의 오래된 벽에 붙어 자라는 이끼들도 건강하게 자라야겠지만 꼭 그렇지도 않다.

그나마 이끼는 환경이 어느 정도 맞을 수는 있다. 그래서 런던 시내에서는 은이끼*Bryum argenteum*의 반짝이는 은색 잎을 보기도 하지만, 먼지가 쌓이지 않은 경우에만 해당된다. 더구나 그들이 포자를 터뜨리는 모습을 보려면 최소한 런던에서 3~5킬로미터는 벗어나야 한다. 간혹 표주박이끼*Funaria bygrometrica*†가 발견되기도 하지만 그마저도 흔한 일은 아니다.

1836년 5월, 《식물학 매거진 해설집》에 실린 '윌리엄 J. 후커 박사에게 보낸 편지'에서, 나는 대기 중의 그을음 입자가 도시의 식물에게 안 좋은 영향을 미친다고 주장했다. 나는 이 그을음 입자

---

† 표주박이끼는 놀라운 생명력을 지녔다. 대부분의 다른 이끼들과 달리 매우 다양한 환경에 적응하며, 더 넓은 지역에 분포한다. 이 이끼는 더운 환경에서도 잘 자란다. 하지만 겉모습만으로는 이런 특별한 특성을 쉽게 알 수는 없다. 대부분의 이끼는 특정 조건에서만 포자를 맺지만, 표주박이끼는 그렇지 않기 때문이다. 이 이끼는 런던 시내는 물론이고, 주변의 벽돌 공장에서도 포자를 맺고, 심지어 열대식물들이 자라는 난초 온실이나 내가 관리하는 고사리 온실에서도 잘 자란다. 이 온실은 온도가 49도까지 올라가는데도 말이다. 또한, 나의 표본집에는 이집트, 희망봉, 동인도, 뉴질랜드, 뉴홀랜드 등 전 세계에서 채집한 이 이끼의 표본이 있을 정도이다. 이 이끼의 포자낭 끝을 현미경으로 들여다보면 정말 아름답다.

가 동물의 폐에 영향을 미치는 것처럼 식물의 잎에도 영향을 미친다고 보았다.

하지만 존 엘리스는 1839년 《가드너스 매거진》 9월호에서 대기 오염이 식물에게 얼마나 해로운 영향을 미치는지 튜너Turner 박사와 로버트 크리스티슨Robert Christison 박사의 실험을 통해 밝혀졌다고 발표했다. 이들의 연구 결과는 《에든버러 의학 외과 저널Edinburgh Medical and Surgical Journal》 제93호에 실렸다.

그들에 따르면, 대기 오염의 원인은 단순히 그을음 입자 때문이 아니라 석탄의 연소 과정에서 발생하는 이산화황SO_2 때문이라는 것이다. 또한, 대기 중에 이산화황이 1/9000~1/10,000의 비율로만 포함되어도, 10~12시간 이내에 식물의 잎이 영향을 받았으며, 48시간 이내에 식물은 완전히 죽었다. 이산화황의 영향은 더욱 강력하여, 대기 중에 0.005%50ppm만 포함되어도 식물은 몇 시간 내에 고사했다.

이 두 산성가스의 영향으로 잎 표면은 갈색으로 변하면서 바싹 말라 부서진 것이었고, 가벼운 접촉만으로도 쉽게 줄기에서 떨어져 나갈 정도로 심각한 손상을 입었던 것이다. 더욱 놀라운 점은, 이러한 치명적인 피해가 인간의 감각으로는 거의 인지할 수 없을 정도로 미세한 농도에서도 발생한다는 사실이다.

그림 2-1. 런던의 심각한 대기 오염

석탄 사용의 증가로 런던은 대기 중 이산화황의 농도가 증가했고, 식물뿐 아니라 인간의 건강에도 심각한 영향을 끼쳤다.

§

식물이 이러한 산성가스로 심각한 타격을 입었더라도, 적절한 시기에 오염된 환경에서 벗어난다면 다시 회복할 수 있다. 다만, 대개 잎을 잃는 경우가 많아 완전히 건강을 되찾기까지는 시간이 필요하다. 따라서 매연이 가득한 곳에서 자라는 식물들은 완전히 고사하지는 않더라도, 심각한 손상을 입어 한동안 생장이 멈추는 경우가 많다.

하지만 봄이 오면 식물들은 다시 회복하기 시작한다. 이 시기에는 석탄 난로의 사용이 감소하면서 이산화황 배출량도 줄어들기 때문에 식물이 받는 피해도 자연스럽게 줄어든다.

그러나 겨울이 되면 석탄 난로 사용이 다시 늘면서 대기 중 오염물질의 농도도 높아진다. 그나마 낙엽수는 생장을 멈추기 때문에 상대적으로 유해한 영향을 피할 수 있지만, 겨울에도 성장을 계속하는 상록수는 지속적으로 오염된 공기에 노출된다.

그 때문에 런던 근교, 특히 강 주변의 공장 지대에서는 대기 오염으로 많은 낙엽수들이 제대로 자라지 못하고, 상록수는 아예 뿌리조차 내리지 못하거나 병든 상태로 연명한다.

크리스티슨 박사는 터너 박사가 제시한 '이산화황의 식물에 대한 유해성' 후속 연구를 진행한 결과, 그의 주장이 맞다는 것을 확인했다. 크리스티슨 박사는 이산화황이 극도로 유독하여, 미량만 포함되어도 이틀 만에 많은 식물이 고사할 수 있다고 밝혔다. 그는 연구를 통해, 유리 원료인 소다회를 생산하는 몇몇 공장에서도 이산화황이 배출되어 주변 식물에 심각한 영향을 미친다는 사실을 알아냈다.

한 조사에 따르면 피해 범위는 예상을 훨씬 뛰어넘었다. 공장에서 약 500미터 떨어진 지역에서도 대부분의 식물이 왜소해지거나 완전히 말라 죽는 현상이 관찰된 것이다. 이러한 대기 오염으로부터 식물을 보호하는 효과적인 방법 중 하나가 바로 너새니얼 워드의 워디언 케이스에서 식물을 키우는 것이다. 그의 실험과 시설에서 거둔 성공 사례는 이 방법이 실제로 효과적임을 충분히 입증하고 있다.

_존 엘리스, 《가드너스 매거진》 중에서

워디언 케이스의 핵심
'기체 확산 법칙'

나는 런던의 대기 중에는 식물 생장에 직접적으로 영향을 미칠 정도로 유해한 가스는 존재하지 않는다고 믿는다. 가게나 주택의

워디언 케이스

창가에 놓인 제라늄을 비롯한 다양한 식물들이 잎이 마르거나 변형되지 않고 건강하게 자라는 모습을 쉽게 관찰할 수 있기 때문이다. 단, 식물을 깨끗하게 관리하고, 먼지를 닦아내는 것이 중요하다.

워디언 케이스에서는 기체 확산 법칙에 의해 식물에게 해로운 가스의 유입을 막는다. 기체 확산 법칙은 모든 환경에서 작동한다. 만약 이 법칙이 없다면 도시의 동식물은 심각한 고통을 겪을 것이다. 또한, 런던 세인트 자일스St. Giles 지역의 대부분의 저소득층이 생활하는 지하 공간들은 이탈리아의 '개의 동굴Grotto del Cane'*처럼 유해한 환경으로 변했을 것이다.

이를 실험으로 확인하기 위해 두 개의 용기를 준비한다. 각각 수소와 이산화탄소를 1:22 비율로 채워 밀폐한다. 그다음, 수소가 담긴 용기를 위쪽에 배치한 뒤, 두 용기를 사람 머리카락 두께 정도의 가느다란 관으로 연결한다. 이렇게 연결하는 즉시 두 기체는 서로 섞이기 시작하고, 시간이 지나면서 두 용기에는 두 기체가 모두 균일하게 분포한다. 만약 위쪽의 용기를 수소 대신 산소나 질소 또는 다른 기체로 채워도 시간이 지나면서 두 용기에는 모두 기체

---

* 이탈리아 나폴리 근처의 동굴. 인근의 화산 활동으로 동굴 내에 이산화탄소가 지속적으로 유입되면서 바닥에는 이산화탄소 농도가 매우 높다. 18~19세기에 실험이나 관광의 목적으로 개와 같은 작은 동물을 데려가 가스의 영향을 시연했다.

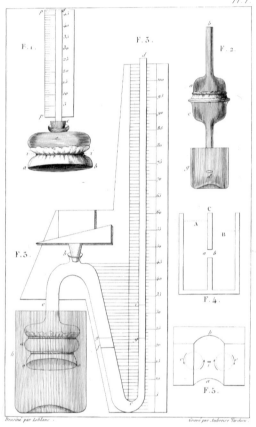

그림 2-2. 워디언 케이스 원리의 영감을 준 삼투압 원리

뒤트로셰의 삼투압 원리와 기체 확산 법칙은 너새니얼 워드가 발명한 워디언 케이스에 영감을 주었다. 뒤트로셰가 최초로 삼투압의 원리를 밝힌 그림이다.

가 고르게 섞인다.

동물막의 가스 투과성은 파우스트Faust와 미첼Mitchell 박사의 연구로 입증되었다. 그들에 따르면 기체는 살아 있는 생물체뿐 아니라 죽은 생물체의 동물막도 자유롭게 관통할 수 있다. 이들은 프랑스 생리학자 앙리 뒤트로셰Henri Dutrochet, 1776~1847가 발견한 액체의 삼투현상이 기체에도 동일하게 적용된다고 결론 지었다. 그림 2-2

이 원리를 이해하기 위해 입구를 동물의 방광막이나 고무 시트로 덮은 유리병에 이산화탄소를 채운 뒤 대기 중에 둬보자. 그러면 공기의 일부가 병 안으로 들어오는 동시에 병 속의 이산화탄소 일부는 밖으로 빠져나간다. 반대로, 병 안에 공기를 채우고 외부를 이산화탄소로 둘러싸면, 이산화탄소가 병 안으로 스며들고 내부의 공기는 유리병 밖으로 빠져나간다. 이러한 현상은 다른 기체들 간에도 동일하게 나타난다. 즉, 두 기체를 막으로 분리하면, 각각의 기체는 서로 막을 통과하게 된다.

그러나 기체가 막을 통과하는 속도는 다르다. 이산화탄소 약 22리터가 막을 통과하는 데는 5분 30초가 걸리는 반면, 동일한 부피의 산소는 113분이 걸리며, 질소는 그보다 더 오래 걸린다.

따라서 공기로 채운 동물의 방광을 이산화탄소로 둘러싸면, 이산화탄소가 방광막을 통해 방광 속으로 빠르게 유입되고, 결국 방광이 팽창하면서 터지게 된다. 반대로, 방광을 이산화탄소로 채우고 외부를 공기로 감싼다면, 이산화탄소가 빠르게 빠져나가 방광은 쪼그라들게 된다. 이처럼 기체 확산 법칙을 이해하는 것은, 대기 중의 오염물질로부터 동식물을 보호하는 데 꼭 알아두어야 할 중요한 요소다.

이탈리아 동물학자 라차로 스팔란차니Lazzaro Spallanzani, 1729~1799는 뱀, 도마뱀, 개구리와 같은 일부 폐를 가진 동물이 피부 호흡을 통해 공기에 변화를 일으킬 수 있음을 증명했다. 즉, 피부를 통해 산소를 흡수하고 이산화탄소를 배출하며, 폐 호흡 없이도 환경과 상호작용하며 생존할 수 있는 생리학적 메커니즘을 갖고 있음을 밝혔다.

또한, 프랑스 생리학자 밀네 에드워드Henri Milne-Edwards, 1800~1885는 일련의 실험을 통해, 피부 호흡이 폐 호흡의 부족한 부분을 보완하며, 이를 통해 동물들이 겨울 동안 물속에서도 오랜 시간 생존할 수 있다고 밝혔다. 영국 화학자 존 다니엘John F. Daniell, 1790~1845은 다음과 같이 말했다.

§

지구 생태계의 적응 메커니즘에서 이러한 원리의 중요성을 제대로 평가하기란 쉽지 않다. 이 메커니즘 덕분에 기체는 서로의 부피를 빠르게 관통하며 균일하게 확산된다. 지구를 둘러싼 대기는 여러 기체가 일정한 비율로 혼합된 상태로 존재하며, 이 균형이 유지되는 것이 모든 생명체의 생존에는 필수적이다.

호흡과 연소 과정에서 생명에 필수적인 산소는 끊임없이 소비되며, 그 결과 동물에게 치명적인 이산화탄소와 같은 독성 물질로 대체된다. 그러나 이러한 단순한 기체 확산 법칙 덕분에 유해한 기체는 국소적으로 축적되지 않고 즉시 주변으로 퍼져나가며, 동시에 산소는 다른 지역에서 지속적으로 보충된다. 이 과정 덕에 대기 중 기체는 균형을 유지한다. 이는 자연이 설계한 가장 놀라운 조화 체계 중 하나다.

실제로, 공기의 순도에 영향을 미칠 수 있는 다양한 조건 속에서도 이 균형은 변함없이 유지된다. 예를 들어, 해발 6,500미터 상공에 기구를 띄워 공기를 채취하여 분석한 결과, 해수면 위와 몽블랑 정상, 세계에서 가장 인구 밀도가 높은 도시의 중심부, 북극권, 그리고 적도의 공기의 주요 성분 비율에는 어떠한 차이도 발견되지 않았다.

§

자연은 강제로 움직이거나

억지로 이끌리는 것을 결코 허용하지 않는다.

인간이 자연을 따라야지, 자연이 인간을 따를 수는 없다.

_파라켈수스(Paracelsus)

§

인간은 자연의 대리인으로서,

정신적이든 물리적이든

자연의 질서를 지키는 범위 안에서만 이해하고 행동할 수 있다.

그 한계를 넘어서려는 것은 인간의 지식과 능력을 벗어난 일이다.

_프랜시스 베이컨(Francis Bacon)

§

인간이 자연에 행사할 수 있는 힘에는 오직 하나의 조건이 있다.

그 힘은 반드시 자연의 법칙에 부합하는 방식으로만 사용될 수 있다.

_존 허셜(John Hersche)

CHAPTER III

자연을 담은
상자의 발견

유리병 속
고사리의 발견

식물학은 내가 칼 폰 린네*의 불멸의 저서 《자연의 체계》를 접
한 이후 줄곧 나의 가장 큰 즐거움이었다. 어린 시절, 나는 고사리

---

*   칼 폰 린네(Carl von Linné, 1707~1778). 스웨덴의 식물학자이자 동물학자, 의사. '현대 생
        물분류학의 아버지'로 불린다. 이명법(binomial nomenclature)을 체계화하여 생물의 학
        명을 라틴어 속명과 종명으로 표기하는 방식을 확립했다. 대표적인 저서로 《자연의 체계
        (Systema Naturae)》가 있다. 이를 통해 생물을 계→문→강→목→과→속→종의 단계
        로 분류하는 개념을 정립했다. 이후 린네의 분류 체계는 다윈의 진화론과 결합하여 현대
        생물학의 기초를 이루었고, 현재도 학명 표기 방식으로 사용되고 있다.

그림 3-1. 유리병에서 발견한 최초의 고사리 ·
유리병 속에 스핑크스 나방의 번데기를 관찰하다 우연히 발견한 식물은 바로 숫고사리였다.

와 이끼로 뒤덮인 오래된 벽을 갖는 것이 꿈이었다. 나는 이런 꿈을 실현하기 위해 집 뒷마당 정원을 암석으로 꾸몄다. 암석 위쪽으로는 구멍 뚫은 파이프를 설치하여 물이 아래의 식물들 위로 천천히 떨어지게 했다.

여기에는 드리오프테리스 필릭스마스_{이하 숫고사리, Male fern, *Aspidium filix-mas · Dryopteris filix-mas*}를 비롯하여, 미역고사리_{*Polypodium vulgare*}, 스피칸트새깃아재비_{*Blechnum spicant*}, 드리오프테리스 딜라타타_{*Dryopteris dilatata*}, 넓은방패고사리_{Broad buckler-fern}와 아시리움 필릭스-페미나_{이하 레이디펀, Lady fern, *Athyrium filix-foemina*}, 차꼬리고사리_{*Asplenium trichomanes*} 같은 고사리와 몇몇 이끼, 그리고 런던의 인근 숲에서 가져온 앵초_{*Primula*}와 괭이밥_{*Oxalis*} 등을 심었다. 그러나 주변 공장에서 뿜어져 나오는 매연이 점점 식물의 잎 위에 쌓이면서, 식물들이 하나둘 시들어가기 시작했고 급기야 모두 말라 죽고 말았다. 나는 식물들을 살리기 위해 여러 방법을 동원했지만 모두 허사였다.

그러던 중, 1829년 여름 어느 날 우연한 사건 하나가 나의 연구에 전환점을 가져다주었다. 나는 스핑크스나방_{*sphinx moth*}의 번데기를 관찰하기 위해 주둥이가 넓은 유리병의 촉촉한 흙 속에 번데기를 묻었다. 나는 뚜껑을 덮은 뒤 매일 그 유리병을 관찰했다. 그러던 중 한 가지 흥미로운 사실을 발견했다. 낮 동안 흙에서 증발한 수분이 유리벽에 맺혔다가 다시 흙으로 돌아가는 과정이 반복되면서 흙은 항상 일정한 습도를 유지하고 있었다.

그러던 어느 날이었다. 번데기가 최종 변태를 하기 약 일주일 전, 흙의 겉표면 위에서 어린 고사리 하나와 풀 한 포기가 싹을 틔운 것을 보게 되었다. p. 228 참고

나는 그동안 살려보려고 수도 없이 시도했던 식물이 유리병 안에서 자연스럽게 자라는 것을 보고 큰 충격을 받았다. 그 이유를 진지하게 고민하지 않을 수 없었다.

마침내 나는 이 식물이 살 수 있던 조건이 무엇인지 깨닫게 되었다. 바로 맑은 공기와 적절한 빛, 온기, 적절한 습도, 휴식, 그리고 공기의 순환이었다. 유리병 안은 이런 조건을 완벽히 갖추고 있었다. 공기는 기체 확산 법칙에 의해 자연스럽게 순환하고 있었다.

이제 내가 할 일은 실제로 이 유리병 속에서 식물이 지속적으로 살 수 있는지 검증하는 것이었다. 나는 유리병을 서재 창문 바깥에 두었다. 서재는 북향이라 직사광선이 많이 들지 않는 곳이다. 그런데 놀랍게도 식물은 건강하게 자라기 시작했다.

시간이 지나면서 이 식물들은 각각 숫고사리와 새포아풀*Poa annua*이라는 것을 알게 되었다. 그림 3-1 이들은 아무런 보살핌도 없이 약 4년 동안 그 상태로 살아남았다. 새포아풀은 한 차례 꽃을 피웠

워디언 케이스

고, 숫고사리는 매년 서너 개의 잎을 새로 내며 자라났다.

그러나 이 실험은 결국 예상치 못한 사고로 끝나고 말았다. 내가 집을 비운 사이 뚜껑이 녹슬어버리면서 빗물이 과도하게 유입되어 결국 식물들은 모두 죽고 말았다. p. 199 참고

정원사의 치욕,
킬라니 고사리

하지만 나는 이 일이 있기 훨씬 전에, 킬라니 고사리를 가져와 실험을 진행해왔다. 그동안 수행한 수많은 실험 중 몇 가지 사례를 소개하고자 한다.

킬라니 고사리는 가장 아름다운 고사리 중 하나로 손꼽히지만, 일반적인 방법으로는 키우기 힘든 고사리로 악명이 높았다. 정원사들 사이에서는 '정원사의 치욕'이라 불릴 정도로 생육 조건이 까다로웠고, 식물 재배의 권위자인 로디지스조차 여러 차례 시도했지만 한 번도 살리지 못했다. 그림 3-2, 3-3

심지어 러시아 황제의 식물학 감독관 프리드리히 피셔Friedrich Fischer도 이 식물을 키우지 못했다. 그러나 내가 워디언 케이스에서 이 식물을 성공적으로 키우자, 그 모습을 본 피셔는 감탄을 금치 못

그림 3-2. 킬라니 고사리

'정원사의 치욕'이라 불릴 만큼 키우기 까다로운 고사리. 식물 재배의 권위자인 로디지스조차
번번이 실패했지만, 워디언 케이스 안에서 처음으로 재배에 성공했다.

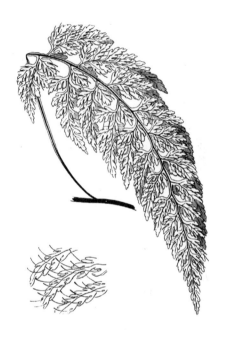

그림 3-3. 킬라니 고사리의 포자

헨리 딘은 워디언 케이스를 이용하여 고사리의 포자 번식에 성공하기도 했다. 이 방식은 식물 운송의 새로운 패러다임을 제시했다.

하며 모자를 벗고는 나에게 경의를 표했다.

"당신이 내 평생의 스승이군요."

이 식물을 키우기 어려운 이유는 간단하다. 건조한 대기와 외부에서 유입되는 오염물질이 생육에 치명적인 영향을 미치기 때문이다. 그러나 워디언 케이스 안에서 키우면 깨끗하고 습한 공기가 지속적으로 유지되므로, 매연이 가득한 런던에서도 킬라니 호수의 바위 틈이나 스페인 테네리페 섬의 월계수 숲에서처럼 건강하게 자랄 수 있다.

실제로 나는 기름칠한 실크로 입구를 막은 유리병 안에서 이 식물을 4년 동안 물 한 방울 주지 않고 키웠다. 하지만 시간이 지나면서 식물이 자라 유리병 안의 공간이 부족해졌다. 결국 고사리를 꺼내 나의 온실에 있는 너럭바위 옆으로 옮기고 유리돔bell-glass으로 덮은 뒤, 가끔 물을 주며 관리했다.

그후 킬라니 고사리는 이러한 환경에서 길이 약 38센티미터, 폭약 20센티미터에 이르는 잎을 만들어냈다. 자생지에서 자란 표본보다 25퍼센트 더 큰 크기였다.

최근 나는 런던의 세인트 폴 교회St. Paul's Church의 뜰과 브로드 스트리트 빌딩Broad Street Buildings 등에서도 이 식물이 아름답게 자라는 것을 볼 수 있었다. 이 식물들의 상태는 킬라니 호수의 개체와 견

줄 만했다. 특히 켄싱턴에서 자라는 개체는 잎이 18~20장이나 나 있었다. 이 개체는 2년 전 더블린에서 우편으로 보낸 것인데, 당시 만 해도 작은 근경뿌리줄기, rhizome 하나에 잎은 단 3장 달려 있었다.

그러나 내가 본 킬라니 고사리 중 가장 훌륭한 개체는 더블린에 사는 칼웰R. Callwell이 키우는 것이다. 그의 재배 방식은 매우 흥미로 웠다. 그는 나에게 이 식물을 키운 법에 대해 자세히 알려주었다.

§

친애하는 선생님께,

존경하는 윌리엄 하비William Harvey 박사님의 요청으로, 제가 키우는 킬라니 고사리에 대한 정보를 전해드릴 수 있게 되어 영 광입니다.

1843년 봄, 저는 길이 12~15센티미터의 작은 근경에 잎 몇 장 이 달린 개체를 받아, 지름 38센티미터 정도의 유리돔 케이스에 심었습니다. 그후 3년이 지난 1846년 12월에 이 식물은 유리돔 안을 가득 채울 만큼 성장했습니다. 그래서 같은 달에, 새로 마련 한 워디언 케이스로 식물을 옮겼습니다. 이 케이스는 가로 117 센티미터, 세로 76센티미터, 높이 102센티미터로 좀더 크게 제 작하였습니다.

30센티미터 깊이의 하단부에는 배수와 통기성을 높이고 뿌리가 너무 깊이 박히지 않도록 화분 하나를 뒤집어놓았고, 그 위에 숯과 코코넛 껍질, 가벼운 양토와 이탄$_{peat}$으로 채웠습니다. 지금 이 식물은 거의 케이스를 가득 채울 만큼 성장하였지요.

잎의 정확한 개수를 알 수는 없지만, 완전히 자란 잎이 대략 230장 이상으로 보입니다. 잎의 길이는 근경에서 잎 끝까지 약 35~52센티미터로 다양합니다.

잎이 유리에 닿아 녹으면서 5~6장 정도를 잘라냈지만, 이후로 기존의 잎들과 새 잎들 모두 건강하게 자라고 있습니다.

저는 처음부터 배수 조건을 완벽하게 갖추는 데 중점을 두었습니다. 여름에는 일주일에 한두 번, 겨울에는 더 긴 간격을 두고 잎 표면에 가볍게 분무하였습니다. 케이스의 문은 항상 단단히 닫아두었지만 아래쪽에 있는 배수 밸브는 늘 개방해두었습니다.

케이스는 서향의 현관에 놓았습니다. 집이 현관보다 훨씬 높아 남쪽의 강한 햇빛과 바람으로부터 잘 보호되고 있습니다. 저는 황갈색으로 옅게 착색된 유리가 재배의 성공 요인 중 하나라고 생각합니다. 유리가 착색된 덕에 광량이 부드러워지면서 식물에게 맞는 환경이 된 것입니다.

식물의 전체적인 외형은 자연스러운 상태를 유지하고 있고, 대부분의 잎들은 아래로 부드럽게 늘어져 있는 형태입니다. 3년 전, 실험 삼아 잎 한 장이 달린 작은 근경을 블록 위에 올려 케이스 안에 매달아두었는데 지금은 이 근경에서 잎이 19장이나 나왔습니다. 그 길이도 23~30센티미터에 이릅니다. 또한, 근경이 블록을 완전히 감싸면서, 12~15센티미터 길이의 튼튼한 뿌리를 뻗어내고 있습니다.

이 케이스에서는 다른 고사리들은 번성하지 못했지만, 아스플레니움 마리눔*Asplenium marinum*은 비교적 잘 적응했습니다. 반면, 히메노필룸 툰브리젠스*Hymenophyllum tunbrigense*와 히메노필룸 윌소니*Hymenophyllum wilsoni*는 1년을 넘기지 못했고요. 서식지인 킬라니 호수의 터크폭포에서 채집한 다른 킬라니 고사리 개체들은 아직 번식하지 못했지만, 터크폭포에서는 풍부하게 포자를 맺은 것을 직접 본 적은 있습니다.

1852년 8월 3일

더블린에서

존경을 담아, R. 칼웰 드림

이 편지는 워디언 케이스를 활용하는 데 몇 가지 중요한 시사점을 준다. 우선, 식물이 원래 서식지보다 워디언 케이스에서 더 무성하게 자랄 수 있다는 것이다. 이 편지에서 묘사된 킬라니 고사리 군락은 영국을 비롯한 세계 어느 곳에서도 쉽게 찾아보기 어려울 것이다.

다음으로, 잘 알려진 생리학적 법칙에 따르면 식물의 잎이 비정상적으로 크게 자랄 경우, 열매나 포자를 맺는 경향은 상대적으로 줄거나, 완전히 중단될 수도 있다는 것이다.

이 식물은 잎을 230장이나 내었음에도 불구하고 단 하나의 포자도 만들어내지 못했다. 또한, 더 강한 빛에 노출하거나 물 공급을 줄였을 때 식물에 어떤 변화가 나타나는지 관찰하는 것도 흥미로운 연구가 될 것이다.

마지막으로, 고사리를 비롯한 모든 식물은 자연 상태에서 매우 다양한 생장 형태를 보인다. 심지어 동일한 워디언 케이스 안에서도 각 식물의 생육 조건을 개별적으로 충족시켜야 한다는 점이다. 이것은 다른 고사리를 키울 때도 마찬가지다. 그렇다면 이러한 조건을 어떻게 실현시킬 수 있을까?

식물 낙원의
조건

§

영국의 모든 고사리가 자랄 수 있는 이상적인 정원은

키 큰 라나타종꽃*Digitalis lanata*이 시냇물에 몸을 비추고

왕관고비*Osmunda regalis*가 물가 곳곳을 우아하게 수놓는 곳이다.

영국의 모든 고사리를 하나의 유리 온실 안에서 성공적으로 키우려면, 각각의 식물에 맞게 생장 조건을 맞추어야 한다. 이것을 실현하는 방법은 비교적 간단하다.

우선 유리 온실 안에 계곡이나 물이 흐르는 자연 경관을 재현하거나, 경우에 따라 고대 유적이나 폐허가 된 성을 본뜬 미니어처 등을 배치하는 것도 좋다. 그리고 한쪽 면에 바위를 쌓아 올려 위에서 아래로 물이 흘러내리도록 유도하고, 온실 바닥을 따라 물길을 만들어 개울을 조성한다. 물이 흐르면 습하고 서늘한 환경이 만들어지기 때문에 고사리가 자라는 데 적합한 환경이 된다. 이렇게 하면 별도의 난방 없이도 고사리를 무성하게 키울 수 있다.

그후 각 식물에 맞은 토양을 깔고, 바위 틈에 자리 잡을 수 있게 배치하여 최적의 생육 환경을 조성하면 된다. 또한 식물들이 가장 건강하게 성장할 수 있도록 빛과 습도를 세심하게 조절할 필요가 있다.

킬라니 호수의 터크폭포 바위 틈에서 서식하듯, 이곳에서도 킬라니 고사리의 섬세한 잎이 무지갯빛 물방울에 반짝이며 보는 이의 눈을 즐겁게 할 것이다. 희귀종인 토끼고사리*Cistopteris montana · Gymnocarpium dryopteris*는 반드시 물방울이 튀는 곳에 심어야 하고, 솔잎고사리*Asplenium septentrionale*와 클리프 고사리*Cliff ferns, Woodsia* 역시 이러한 환경에서 잘 자란다.

한편, 모든 바위 틈에는 폴리포디움 칼카레움*Polypodium calcareum*, 가래고사리*Polypodium Phegopteris · Phegopteris connectilis*, 차꼬리고사리, 아디안툼 니그룸*Adiantum nigrum*, 란시오라툼*Lanciolatum* 등 다양한 종이 자연스럽게 자리 잡아 조화로운 생태계를 이룰 수 있게 한다.

바위 아래쪽과 연결된 개울가에는 히메노필룸과 스피칸트새깃아재비, 처녀고사리*Thelypteris palustris*, 그리고 우아한 레이디펀을 심으면 풍성하게 자란다. 왕관고비도 함께 배치한다면 3~4미터까지 자라 위풍당당한 자태를 뽐낼 것이다. 이 풍경은 소설가 월터 스콧*Walter Scott, 1771~1832*이 킬라니 호수를 보고 감탄했던 장엄한 모습과도 다르지 않다.

한두 개의 석회암이나 사암으로 동굴도 만들어보자. 그 내부를 아스플레니움 마리눔으로 덮은 뒤, 동굴 위쪽에 공작고사리*Adiantum capillus-veneris*를 심으면, 아스플레니움 마리눔의 짙고 윤기 나는 녹색

잎과 공작고사리의 섬세하고 우아한 잎이 대조를 이루며 한층 더 신비로운 분위기를 자아낼 것이다.

조금 더 높은 곳에서 빛을 충분히 받을 수 있는 자리에는 북바위고사리*Allosorus crispus*와 한들고사리*Cystopteris fragilis*를 심으면 좋다.

이런 온실은 기후 차에 따라 고사리가 어떻게 변하는지 매우 흥미롭게 관찰 할 수 있을 뿐 아니라, 고사리 종을 분류하고 정리하는 데도 큰 도움이 된다.

또한, 고사리와 함께 희귀하거나 아름다운 영국의 야생화들을 함께 심는다면 전체적인 조경 효과를 극대화할 수 있다. 다만, 각 식물이 자연 상태와 동일한 수준의 빛과 습도를 세심하게 조절하여, 최적의 생육 환경을 유지하는 것이 중요하다.

열대를 옮겨온
대형 유리 온실

지금은 이러한 온실에서 사람들이 마음의 위안을 얻을 수 있지만, 결국 사람들의 관심은 나무고사리*Tree fern*와 같이 더 크고 웅장하한 식물들로 옮겨갈 것이다.

자연과학자 홈볼트*에 따르면, 열대지방의 안데스산맥에서 서식하는 나무고사리는 해발 2,700미터 정도의 고도에 분포하고 있다. 남미와 멕시코 고원에서는 대개 해발 300미터 이하로 내려가지 않는다. 서식지의 평균 기온은 18~20도 사이로 매우 온화하고, 바다와 평원을 가로지르는 구름층이 낮게 떠다녀 높은 습도와 온도가 일정하게 유지되고 있다. 이 식물은 뉴질랜드, 반디맨스랜드Van Diemen's Land, 지금의 태즈메이니아뿐만 아니라, 마젤란 해협과 캠벨 섬에 이르기까지 널리 분포한다.

이러한 기후 조건을 온실에 조성하는 것은 그리 어려운 일이 아니다. 물리학자 로버트 헌트Robert Hunt, 1807~1887가 제안한 것처럼, 온실 지붕을 색유리로 덮어 특정 파장의 빛을 걸러내어 고사리의 성장에 최적화된 환경을 만드는 것이 좋다.

큐왕립식물원Kew Royal Botanic Gardens의 대형 유리 온실 '팜하우스Palm House'의 지붕 역시 그의 제안대로 색유리를 덮어 유지하고 있

---

* 알렉산더 폰 훔볼트(Alexander von Humboldt, 1769~1859)는 독일의 자연과학자이자 탐험가. 근대 생물지리학의 창시자다. 그는 남미를 비롯한 여러 지역을 탐사하며 자연환경과 생물의 관계를 연구했고, 기후대와 식생대 개념을 발전시켰다. 그의 저서 《코스모스(Kosmos)》는 자연과학을 종합적으로 설명한 걸작으로 평가받는다. 그의 연구는 단순한 자연 관찰을 넘어서 지구 시스템 전체를 이해하는 데 중점을 두었으며, 생태학, 기후학, 지리학, 기상학 등 다양한 분야에 영향을 미쳤다. 또한, 그는 자연환경 보존의 중요성을 강조하며, 인간 활동이 환경에 미치는 영향을 최초로 경고한 학자 중 한 명이기도 하다.

다. 더운 날씨에는 블라인드를 활용하여 강한 직사광선을 조절하는 것도 필요하다. 그림 3-4

이처럼 다양한 식물군으로 채워진 대형 온실에는 영국산 식물뿐만 아니라 열대식물도 함께 키울 수 있으며, 물고기와 새 등 다양한 동물들을 들여 더욱 생동감 있는 환경을 조성할 수도 있다.

고사리의 끈질긴
생명력

다시 킬라니 고사리 이야기로 돌아가보자. 나는 이전까지 이 식물을 키울 때는 현무암과 같은 다공성 암석 위에 단단히 고정한 후, 암석과 식물 사이에 백사와 이탄을 동일한 비율로 섞어 채워넣었다. 하지만 이제는 칼웰이 알려준 방식이 더 낫다고 생각한다. 이후 내가 진행한 킬라니 고사리 실험은 모두 이 방식으로 이루어졌다. 이 식물은 강한 햇빛이 필요하지 않는 대신 습도가 중요하기 때문에 지속적으로 수분을 공급하는 데 특히 신경썼다.

이 시점에서, 1837년 10월 모리셔스식물원Botanic Garden in Mauritius의 감독관이었던 뉴먼Mr. Newman에게서 받은 흥미로운 유리병 하나를 언급하는 것이 좋을 것 같다. 이 병 안에는 큰고추풀 속Gratiola과

그림 3-4. 큐왕립식물원의 팜하우스

물리학자 로버트 허트는 큐왕립식물원의 대형 유리 온실 팜하우스의 지붕을 색유리로 덮이 특정 파장의 빛을 걸러냄으로써 식물 성장에 최적화된 환경을 조성할 것을 제안했다.

유럽단추쑥 속*Cotula* 등 두세 종의 식물이 담겨 있었고, 유리병 입구는 색칠한 캔버스로 가볍게 덮여 있었다. 이 식물들은 꽃이 활짝 핀 상태였다.

나는 이 유리병을 남향 창가에 두었다. 그 후 식물들은 6~7주 동안은 건강하게 자랐지만, 곧 과습으로 시들더니 씨를 맺지 못한 채 죽고 말았다.

그러나 식물들이 죽기 전에, 나는 스핑크스나방 번데기 실험에서 관찰했던 것과 유사한 현상을 발견했다. 흙과 유리벽 사이에서 몇몇의 어린 고사리가 싹을 틔우기 시작한 것이다. 이 흥미로운 과정을 지켜보기 위해 나는 병을 옮기지 않고 그대로 두었다.

이후 시간이 지나면서 병의 덮개가 부식되어 두 번 교체했지만, 지금도 두 종의 아디안툼 잎들이 병 입구 주변까지 올라와 무성하게 자라고 있다. 유리벽과 흙 사이에는 다양한 어린 고사리들이 빽빽하게 자라고 있다.

나는 이 작은 유리병을 통해 몇 가지 교훈을 얻을 수 있다. 먼저, 고사리는 포자를 풍부하게 만들어내는 식물이라는 것이다. 다양한 지역에서 흙 한 줌을 채집한 뒤에 적절한 환경에서 배양한다면 다양한 해외 종을 손쉽게 얻을 수 있을 것이다.

그리고 고사리가 자연에서는 다른 다세포 식물과 마찬가지로,

워디언 케이스

기존의 식물이 자라기 어려운 척박한 환경에서 토양을 만드는 역할을 한다는 것이다. 고사리는 잎이 썩는 과정과, '뿌리의 작용'을 통해 토양을 만들어낸다.

영국 탐험가 윌리엄 웹스터William Webster는 〈챈티클리어 호 항해 보고서〉에서 영국 세인트 캐서린 섬St. Catherine Island을 탐험하던 중 고사리를 채집하며 한 가지 특이한 사실을 발견했다. 고사리가 자라는 곳에서는 반드시 몇 센티미터 깊이의 부드러운 토양층이 형성되어 있었다. 그런데 흥미롭게도 이 식물이 서식하고 있는 범위를 벗어나면 주변은 단단한 암석만 존재했다. 그는 이 점에 주목했다.

그는 이 현상은 단순한 우연이 아니라, 고사리의 섬유질 뿌리가 암석을 분해하는 능력이 있기 때문이라고 생각했다. 고사리의 뿌리가 암석의 모든 틈새로 뻗어 들어가 암석을 잘게 쪼개는 것처럼 보였기 때문이다.[†]

고사리는 인간에게도 유익한 식물이다. 세계 여러 지역에서는 식량 공급원으로 활용되며, 수많은 동물들에게 생존을 위한 은신

[†] 선인장(Opuntia)은 갓 형성된 용암 지대에 심으면, 보통 자연적인 과정(이끼류, 이끼, 다른 세포식물의 성장과 부패를 통해)으로는 천 년이 걸려야 비옥해질 땅을 30~40년 만에 포도밭으로 바꿀 수 있다. 선인장의 뿌리가 흙을 잘게 부수는 작용 때문이다. 다육식물은 더운 건조 지역에서 이런 역할에 아주 적합한데, 그들의 구조가 이슬이나 비로부터 쉽게 수분을 흡수할 수 있게 하면서도, 오랜 가뭄 동안에는 증발을 막아주기 때문이다.

처를 제공한다. 그러나 이들의 가치는 단순한 생존의 도구에 그치지 않는다. 나는 독자 중 누구도 어느 시인의 다음과 같은 무감각한 시선을 가지지 않길 바랄 뿐이다.

§

변화무쌍한 계절이 흘러가도

자연은 여전히 그를 이끌었건만,

강가에 핀 앵초꽃은

그에게 그저 노란 앵초였을 뿐,

그 이상도 그 이하도 아니었네.

열대지방에서 자라는 나무고사리는 식물계에서 가장 웅장하고 경이로운 존재 중 하나다. 또한 온대지방에서도 죽어가는 자연과 쇠퇴한 인공구조물 위를 덮으며 불사조처럼 아름다움을 피워낸다. 이 자연의 창조물을 바라보면 보이지 않는 신의 지혜와 경이로운 창조의 솜씨를 경외하게 된다. 그림 3-5

조화와 공존의
'틴턴수도원 온실'

그림 3-5. 나무고사리
워디언 케이스의 원리로 나무고사리와 같은 웅장한 식물을 대형 유리 온실에 키울 수 있다.

나는 앞서 칼웰이 알려준 방법으로 100여 종의 고사리를 완벽하게 키울 수 있었다. 그후 생각을 조금 더 확장해보기로 했다. 그래서 나는 집 계단 창문 밖의 북향으로 난 공간에 약 2.4미터 정방형 크기의 작은 온실을 마련했다. 이 온실에는 고사리뿐만 아니라, 이들과 자연에서 함께 자라는 다양한 식물까지 포함하여 하나의 작은 생태계를 조성하려고 했다.

나는 이 온실을 '틴턴수도원 온실'그림 1-2이라고 이름 붙였다. 온실의 중앙에는 석재로 만든 틴턴수도원의 서쪽 창문을 본뜬 작은 모형을 배치했다. 이 모형은 화강암과 석회암으로 만들었다.

온실의 측면은 약 1.5미터 높이의 암석 구조물을 둘러 쌓았고, 상단에는 구멍 뚫은 파이프를 설치하여 필요할 때마다 식물에게 비처럼 물을 뿌릴 수 있도록 했다. 여름에는 아침과 저녁에 약 1시간 정도 햇빛이 들었지만, 겨울에는 전혀 햇빛이 들어오지 않았다. 온실 내부는 별도의 난방은 하지 않았다.

나는 이곳에 영국산과 북미산을 비롯한 다양한 지역의 내한성 고사리 약 50종을 심었고, 몇 종의 석송Lycopodium과 함께 다음과 같은 식물들을 추가로 심었다. 린네풀, 애기괭이밥Oxalis acetosella, 프리물라 불가리스Primula vulgaris, 디기탈리스Digitalis purpurea, 황새냉이Cardamine flexuosa, 더치인동Lonicera periclymenum, 웨일스양귀비Meconopsis

워디언 케이스

cambrica, 제라늄 로베르티아눔 알보*Geranium robertianum var. albo*, 덴타리아 불비페라*Dentaria bulbifera*, 삿갓나물*Paris quadrifolia*, 미물루스 모스카투스*Mimulus moschatus*, 리나리아 심발라리아*Linaria cymbalaria*, 콘발라리아 물티플로라*Convallaria multiflora*, 둥굴레*Convallaria polygonatum · Polygonatum odoratum*, 광대수염*Lamium maculatum* 등 다양한 식물들이 포함되었다.

이 작은 온실은 단순한 실험장이 아니었다. 서로 다른 종이 자연 속에서 어떻게 조화를 이루며 공존하는지 관찰하고 연구하는 귀중한 공간이었다. 이곳에서 자란 식물들은 모두 건강하게 꽃을 피웠다. 하지만 습도가 지나치게 높고 햇빛이 부족하여 대부분 씨앗을 맺지는 못했다. 다만, 미물루스 모스카투스와 애기괭이밥은 씨앗을 맺었고, 황새냉이는 무성하게 자라 1년 내내 길들인 카나리아새의 먹이로 유용하게 쓰였다. 관음죽*Rhapis flabelliformis · Rhapis excelsa*과 닥틸리페라야자*Phoenix dactylifera*는 이 온실에서 세 번의 겨울을 무사히 견뎠다. 하지만 너무 크게 성장하는 바람에 더 이상 이곳에 둘 수 없어 결국 다른 곳으로 옮겨야 했다.

내한성이 있는 흰겹동백*Double white Camellia*은 세 번의 겨울을 나면서 봄마다 크고 아름다운 흰색 꽃을 피웠다. 하지만 그다음 해 혹독한 추위를 이기지 못하고 죽어버렸다. 만약 이 온실을 동향이나 서향으로 배치했다면, 흰겹동백은 더 많은 햇빛을 받아 냉해에도 잘 견디며 훨씬 건강하게 자랐을 것이다. 그래서 식물이 추위를 견디려면 햇빛이 중요하다. 따라서 겨울철에 예민한 식물을 기를 때는 최대한 많은 빛을 제공하는 것이 좋다.

고산식물을 위한
워디언 케이스

고산식물을 담은 나의 첫 워디언 케이스에는 아잘레아 프로쿰벤스*Azalea procumbens*, 카시오페 테트라고나*Andromeda tetragona·Cassiope tetragona*와 힙노이데스*Hypnoides*, 프리물라 미니마*Primula minima*, 프리물라 헬베티카*Primula Helvetica*, 솔다넬라 몬타나*Soldanella montana*, 솔다넬라 알피나*Soldanella alpina*, 애기황새풀*Eriophorum alpinum* 등이 살았다.

나는 창문가는 빛이 충분하지 않을 것 같아 아예 케이스를 집 지붕 위로 올려두었다. 이듬해 봄, 대부분의 식물은 꽃을 피웠지만, 카시오페 테트라고나만 꽃을 피우지 못했다. 내가 고산지대의 여름이 우리의 여름보다 훨씬 짧다는 점을 간과한 탓이다. 식물들이 지붕 위에서 1년 내내 햇볕에 완전히 노출된 상태였기 때문에, 꽃이 과도하게 에너지를 소모한 것이다.

이러한 실수를 교훈 삼아, 나는 다음 실험에서는 꽃이 핀 후에

는 케이스를 최대한 그늘지고 서늘한 장소로 옮겨둔 뒤에 이듬해
에 다시 햇빛이 잘 드는 곳으로 이동시켰다. 이 방법으로 식물들은
이전보다 더욱 건강하게 자랐지만, 완벽한 생육 환경을 조성하는
데에는 한계가 있었다. 이들에게 필요한 휴식을 인공적으로 완벽
하게 재현할 수 없었기 때문이다.

응접실용
워디언 케이스

응접실용 워디언 케이스에는 대추야자와 관음죽, 그리고 두세
종의 석송과 고사리가 함께 자라고 있다. 나는 매년 구근식물 몇 종
을 이 케이스 안에 심어 남향 창턱에 두었다. 케이스의 천장에는 구
멍을 뚫은 청동 막대를 설치하고, 여기에 작은 알로에와 선인장 화
분을 걸었다. 그림 3-6

이렇게 하면, 습한 환경을 선호하는 식물과 다육식물을 한 공
간에서 효과적으로 키울 수 있다. 특히, 다육식물은 여름에 공중습
도를 흡수할 수 있어 이 환경이 적합하다. 대추야자는 지금까지 15
년 동안 이 환경에서 건강하게 자라고 있다. 공간이 크지 않아 앞
으로도 크기가 과도하게 커지지 않고 지속적으로 성장할 것이다.

그림 3-6. 응접실용 워디언 케이스

워디언 케이스에서 다육식물과 고사리를 같이 키울 수 있다. 아래에는 습한 환경에 자라는 고사리를, 위에는 선인장, 알로에와 같은 다육식물을 매달면, 다육식물이 공중습도로 수분을 흡수함으로써 다육식물과 고사리가 공존하는 환경이 된다.

인공 조명과
워디언 케이스

한번은 크로커스와 노랑너도바람꽃*Eranthis hyemalis*를 한 쌍씩 각각 다른 환경의 워디언 케이스에 넣어 키워보았다. 하나는 남향 창가에 두어 빛을 충분하게 받게 했지만 난방은 하지 않았고, 다른 하나는 빛은 부족한 대신 따뜻한 실내에 두었다. 전자의 경우 꽃도 풍성하고 색도 선명하게 정상적으로 자란 반면, 후자의 경우 잎도 길고 창백하게 자랐으며, 꽃은 단 한 송이도 피우지 못했다.

이번에는 같은 방식으로 만든 워디언 케이스를 실내 계단 옆에 놓인 가스등 가까이에 배치했다. 낮에는 두꺼운 천으로 케이스를 덮어 햇빛을 완전히 차단했고, 저녁에는 가스등을 켜면서 천을 걷어낸 후 5~8시간 동안 가스등의 조명을 받게 했다.이 과정에서 약간의 온기도 함께 공급되었다. 조명을 받지 않는 시간에는 식물이 자연스럽게 휴식을 취할 수 있게 했다.

이 식물들은 건강하게 자랐다. 빛이 부족한 따뜻한 실내에서 자란 식물들과 비교했을 때, 잎이 과도하게 길지도 않았고 색도 더욱 선명했다. 특히, 한 개체에서는 푸른색의 꽃을 피웠다.

봄꽃이 담긴
워디언 케이스

나는 화려하고 다채로운 꽃들의 조합을 조성하기 위해, 90×30 센티미터 크기의 워디언 케이스에 다음과 같은 식물들을 심었다.

프리물라 시넨시스*Primula sinensis*, 프리물라 니발리스*Primula nivalis*, 실라 시베리카*Scilla siberica*, 코움시클라멘*Cyclamen coum*, 가게아 미니마 *Ornithogalum steinbergii · Gagea minima*, 가게아 루테아*Gagea lutea*, 가니메데스 풀켈루스*Ganymedes pulchellus*, 그리고 서너 가지 크로커스 품종을 함께 심었다. 석송류도 적절히 배치하여 전체적으로 균형을 맞췄다.

이 케이스는 2월 말 경 남향 창가의 바깥 창턱에 올려두었다. 아마 일반 정원에서는 결코 이런 조건을 맞출 수 없을 것이다. 케이스 안에서는 바람과 비에 방해를 받지 않았기 때문에 꽃들은 더욱 풍성하게 피었고, 개화 기간도 훨씬 길었다. 이 모습은 마치 고대 로마 시인 카툴루스*Gaius V. Catullus*가 묘사한 장면을 보는 듯했다.

§

울타리로 둘러싸인 정원 한편에
소와 쟁기에 짓밟히지 않은 꽃 한 송이가 피었다.

바람이 쓰다듬고, 태양이 힘을 더해

비가 길러낸 그 꽃을

많은 아이들이 탐내었다.

요정장미의 경우에는 화분에 심은 뒤, 화분의 지름보다 약간 작은 지름의 유리돔으로 덮어준다. 이렇게 하면 식물이 빗물에 닿지 않으면서 흙으로 스며들 수 있다. 이 화분을 남향에 두어 키우면 매우 잘 자란다. 보통 한 해에 4~5개월 동안 꽃을 피운다. 꽃이 지면 가지를 잘라주기만 하면 된다. 그림 3-7, 3-8

다양한 식생이 모인
'고사리정원'

웰클로즈 스퀘어Wellclose Square *에는 가장 큰 실험용 온실인 '고사리정원Fern-house'를 만들었다. 이 온실은 주어진 공간 안에 가능한 한 다양한 식물의 자연 조건을 재현하는 것이 목표였다.

온실은 길이와 폭은 7.3×3.6미터였고, 가장 높은 지점의 높이

---

*   런던 동부에 위치한 지역. 너새니얼 워드가 1848년 클래펌으로 이사하기 전까지 이곳에 거주하며 다양한 실험을 이어갔다. 워디언 케이스의 원리를 발견한 곳도 이곳이다.

그림 3-7. 유리돔 워디언 케이스

크기가 작가 거실 테이블이나 창가 등에 올려놓는 장식용으로 활용도가 높은 유리돔 워디언 케이스. 야외에서는 화분의 지름보다 약간 작은 지름의 유리돔으로 덮어준다. 이렇게 하면 식물이 빗물에 닿지 않으면서 흙으로 스며들 수 있다.

그림 3-8. 얇은 철제 받침 유리돔 케이스

바닥면이 얇은 받침대의 유리돔 케이스는 이끼류나 소형 고사리 등을 작은 돌 위에 활착하여
장식의 목적으로 활용할 수 있다.

는 3.3미터였다. 출입문 위에는 다음의 문구를 새겨놓았다.

§

발 들이자마자 이미 한가운데 서 있네.

비록 작지만 다양한 초목이 무성하지.

온실 한쪽 면에는 바위구조물을 유리 지붕에서 30센티미터 아
래까지 쌓아올렸다. 온실 내부 벽면 구조를 가능한 다양한 방식으
로 조성함으로써, 각 식물의 생육 조건에 맞게 온습도와 빛 등을 세
밀하게 조절할 수 있었다.

겨울에는 온수 파이프로 난방을 하여 하부 공간이 상부보다 훨
씬 따뜻하게 유지되었다. 그러나 여름에는 상부 공간이 상대적으
로 더 따뜻했다. 이 온실은 10월 말부터 3월 말까지는 햇빛이 전혀
들지 않았다. 그림 3-9

하부의 연중 온도는 7~32도 사이였고, 상부는 영하 1~54도까
지 변동하며 큰 기온 차를 보였다. 이로써 3미터 남짓한 작은 공간
안에서, 하나의 섬처럼 고립된 극단적인 기후를 조성할 수 있었다.
같은 공간에서도 온습도를 조절하여 여러 기후대의 식물을 함께 키
우는 실험이 가능해진 것이다.

그림 3-9. 온열 케이스

겨울철 온실에서는 온수 파이프로 난방을 하기도 하지만, 작은 케이스의 경우 기름이나 알코올 램프를 하단에 넣어 가열함으로써 온도를 유지하는 방식도 쓰였다.

하부에는 다양한 야자수를 심었다. 대표적으로 닥틸리페라 야자*Phoenix dactylifera*, 코리파 오스트랄리스이하 양배추야자나무, Cabbage-tree palm, *Corypha australis · Livistona australis*, 피닉스 레온엔시그*Phoenix leonensis*, 라피스 플라벨리포르미스*Rhapis flabelliformis*, 라피스 시에로츠이크*R. Sierotzik*, 방갈로야자*Seaforthia nobilis · Archontophoenix cunninghamiana*, 코코스 보트리오포라*Cocos botryophora*, 라타니아 보르보니카*Latania borbonica* 등을 심었다. 고사리는 100여 종 이상을 키웠으며, 특히 아스플레니움 프레모르숨*Asplenium præmorsum*은 매우 잘 자라 3~4년 넘게 유지되었다.

키아페아 레피페라*Callipteris elegans · Cyathea lepifera*는 로디지스도 50년간 포자를 맺지 못했는데, 마침내 이 환경에서 포자를 맺었다. 이 외에도 가장 주목할 만한 고사리로는 디디모클라이나 풀케리마*Didymochlæna pulcherrima*와 킬라니 고사리를 심었다. 칼라테아 제브리나*Calathea zebrina*와 토란*Caladium esculentum · Caladium bicolor* 같은 식물들은 햇빛을 많이 필요로 하지 않아 이 환경에서도 잘 자랐다.

상부에는 알로에와 선인장, 빌베르기아*Bilbergia*, 베고니아 등의 다양한 식물이 자랐다. 장미도 두세 종을 심었으나, 이전 환경보다 꽃이 풍성하게 피지는 않았다. 여름에는 미모사*Mimosa pudica*와 시계꽃Passion-flower 종이 자유롭게 꽃을 피웠다.

중간층에는   십소르피아   페레그리나*Disandra prostrata · Sibthorpia peregrina*, 후크시아*Fuchsia* 등의 식물을 배치했다.

천장에는 다육식물과 난초과의 착생식물을 걸어두었지만, 겨울철 기온이 너무 낮고 여름에는 온도를 충분히 확보하지 못해 이 "뿌리 없는 찬란한 존재"선교사 윌리엄스는 남태평양 섬 원주민들이 난초를 이렇게 부른다고 했다들은 거의 꽃을 피우지 못했다.

'고사리정원'은 다양한 살아 있는 식물뿐만 아니라, 고생대 식물 화석도 다수 포함되어 있었다. 비늘나무*Lepidodendron*와 노목*Calamites* 등의 화석은 현대의 석송류나 속새류와 비교했을 때, "생명의 한계를 넘어선 숭고한 자태"윌리엄 워즈워스의 시 〈주목나무(Yew-Trees)〉 중에서를 지닌 듯한 인상을 주었다.

물고기와
수생식물 실험

10년 전부터는 물고기와 수생식물 실험을 시작했다. 처음 실험에 사용한 수조는 친구 알프레드 화이트Alfred White가 선물해준 약 76리터 용량의 대형 도기 수반이었다.

나는 이 수조 안에 금붕어와 잉어 10~12마리와 함께 발리

그림 3-10. 실내 아쿠아리움의 시초, 워링턴 케이스

화학자 로버트 워링턴이 고안한 수생식물 재배용 워디언 케이스다. 워링턴 케이스는 워디언 케이스에서 발전된 형태로, 아쿠아리움과 식물 케이스를 결합한 형태다.

그림 3-11. 테이블용 워링턴 케이스

양옆으로 양치식물을 배치하고 가운데 수조를 둔 방식의 소형 유리 온실로 독특한 형태의 아쿠아리움 케이스다.

그림 3-12. 고사리와 아쿠아리움

고사리를 배경으로 하여 아쿠아리움을 꾸민 온실. 습한 환경과 어울리는 식생의 조화다.

스네리아*Valisneria spiralis*, 부레옥잠*Pontederia crassipes*, 파피루스*Papyrus elegans · Cyperus papyrus*, 물상추*Pistia stratiotes* 등의 수생식물을 넣었다. 이 식물들은 잘 알려진 대로 물을 정화하는 중요한 역할을 했다. 마치 대기 중의 동식물이 균형을 이루며 공기를 정화하듯, 수중에서도 동식물 간의 호흡 균형을 조절하는 역할을 수행했다.[*] 그림 3-10, 3-11

나는 이 수조를 '고사리정원' 중앙에 배치했다. 수조 주변은 150센티미터 높이의 바위 조형물로 둘러쌌다. 양배추야자나무의 손바닥 모양의 잎이 만들어내는 그늘 아래에는 아름다운 아디안툼이 바위 틈에서 자라났다. 그림 3-12

이러한 환경에서 식물과 물고기들은 수년 동안 건강하게 자랐다. 그후 1848년, 내가 클래펌 라이즈이하 클래펌[**]로 이사하면서 새로 마련한 온실의 수조로 옮겼다. 유일한 문제가 있다면 바우체리아*Vaucheria*라는 황녹조류가 지나치게 빠르게 번식해 지속적으로 관리해야 했다는 점이다.

자연사학자인 나의 친구 바우어뱅크James Scott Bowerbank, 1797~1877도

---

[*] 이 방식은 이후 화학자 로버트 워링턴(Robert Warington, 1807~1867)이 아쿠아리움과 워디언 케이스를 결합한 워링턴 케이스(Warrington Case)로 발전시켰다. 워링턴 케이스는 최초의 실내 아쿠아리움 개념을 도입한 시초이기도 하다.

[**] 클래펌 라이즈(Clapham Rise)은 영국 런던 남서부에 위치한 곳이다. 내새니얼 워드는 웰클로스 스퀘어에서 이곳으로 이사하여 말년까지 정착했다.

금붕어 대신 가시고기와 피라미를 이용하여 수생환경에서의 동식물의 상호작용에 대한 실험을 진행하기도 했다.[†]

클래펌 온실에는 이전보다 훨씬 큰 760리터의 물을 담을 수 있는 수조를 마련했다. 이곳에서 물고기들은 브라질검정말*Anacharis alsinastrum · Egeria densa*, 부레옥잠, 물상추, 황금어리연꽃*Nymphoides crenata* 등과 같은 수생식물이 함께 번성했다.

다양한 식생의 조화,
'클래펌 온실'

이 식물들에게는 클래펌 온실 환경이 훨씬 더 적합했다. 이전의 '고사리정원' 온실은 겨울에 5개월 동안 햇빛이 전혀 들지 않았고, 여름에도 대부분 햇빛이 차단되었다. 하지만 클래펌 온실에는 하루 종일 햇빛이 충분하게 들어왔다. 이런 환경은 열대식물이 개화하고 성장하는 데 중요한 역할을 했다.

클래펌 온실은 겨울에도 온수 파이프를 이용해 온도를 7도 이

[†] 로버트 워링턴 역시 유사한 연구를 진행했다. 그는 연구를 통해, 발리스네리아의 낡은 잎이 분해되면서 생성된 점액질을 제거하기 위해 물달팽이를 몇 마리 투입하는 것이 효과적이라는 사실을 발견했다.

하로 떨어지지 않도록 관리했다. 이는 바나나 재배를 위해 필요한 최소한의 온도였다. 흐린 날에도 최고 온도는 29도였고, 12월의 맑은 날에는 35~38도를 유지했다. 여름에는 기온이 54도까지 상승하여 차광막을 쳐야 했다.

나는 이 온실을 나만의 '작은 열대우림'[††]으로 꾸미고 싶었다. 이를 위해 정원 바닥은 천연 자갈층으로 덮고, 그 위에 파벽돌 조각을 약 1톤 정도 깔아 배수층을 만들었다. 그 배수층 위에는 가벼운 이탄토와 함께 식물별로 필요한 만큼의 용토를 추가했다. 그림 3-13

이곳에는 이전의 '고사리정원'에서 키우던 식물뿐 아니라 다양한 열대와 아열대 식물을 추가했다. 대표적인 식물로는 캐번디시 바나나Cavendish banana, *Musa Cavendishii · Musa acuminata 'Cavendish'*, 삼척바나나*M. Chinensis · M. acuminata 'Dwarf Cavendish'*, 무사 바이컬러*M. bicolor*등 바나나 3종을 키웠다. 또한, 인디언 칸나*Canna indica*, 마다가스카르 자스민Madagascar jasmine, *Stephanotus floribundus · Stephanotis floribunda*, 클레로덴드론*Clerodendron squamatum · Clerodendrum splendens*, 히비스커스 마니호트*Hibiscus*

[††] 훔볼트가 다음과 같이 한 말은 식물을 키우는 이들에게 더욱 깊은 의미로 다가온다. "만약 열대지방의 다양한 식생을 조화롭게 결합하고 대비하여 한눈에 담아낸 작품이 있다면, 풍경화가들에게 얼마나 흥미롭고 유익할까. 멕시코의 참나무 위로 섬세한 잎을 펼치는 나무고사리의 모습이나 거대한 초본식물 아래 그늘을 이루는 바나나 군락의 풍경을 떠올려보라."

그림 3-13. 클래펌 온실
클래펌 온실의 내부 모습. 이곳은 바나나 나무와 같은 열대식물을 키우기 위해 겨울에도 온수 파이프를 이용하여 7도 이하로 떨어지지 않도록 관리한 '작은 열대 우림'이었다.

Manihot · Abelmoschus manihot 꽃과 덩굴식물, 자이언트 그라나딜라Giant granadilla, *Passiflora quadrangularis*, 날개줄기 시계꽃 Winged-stem passion flower, *Passiflora alæformis · Passiflora alata*, 파시플로라 프린켑스*P. princeps* 등 시계꽃 3종을 키웠다.

그 외에도 아라비안 자스민 Arabian jasmine, *Jasminum Sanbac*, 호야 *Hoya carnosa · Hoya Cunninghamii*, 유스티키아 기베르티아나 *Sericographis Ghibertiana · Justicia ghibertiana*, 에란테뭄 속 *Eranthemum*, 아키메네스 *Achimenes*, 게스네리아 *Gesneria*, 글록시니아 *Gloxinia, Sinningia speciosa*, 콘트리보 *Contribo, Aristolochia trilobata*, 오죽 *Bambusa nigra · Phyllostachys nigra* 등을 키웠다. 이 중에서 대나무를 제외한 모든 식물이 아름답게 꽃을 피웠고, 많은 식물들이 씨앗을 맺었다.

이 온실의 환경은 이전과는 확연히 달랐다. 몇몇 식물은 수년간 도심에서 한 번도 꽃을 피운 적이 없었지만, 여기에서는 매년 꽃을 피웠다. 극락조화 *Strelitzia regina* 와 칼라디움 *Caladium esculentum · Caladium bicolor* 이 대표적이었다.

이 온실에서는 분명히 다양한 식용 과일도 잘 클 수 있을 것이다. 한번은 슈롭셔 Shropshire, 영국 잉글랜드 서부에 위치한 주에 사는 분이 나에게 워디언 케이스에서 포도를 수확했다고 편지를 보낸 적이 있다. 그는 세일론에서 재배하던 방식을 적용했다. 즉 포도나무의 뿌리를 노출시켜 잎이 자연스럽게 떨어지게 한 후 충분한 휴식기을 주어 포도를 수확한 것이다.

식물이 식물을
보호하는 환경

이와 같은 방법은 건조한 열대지방에서도 효과적으로 적용할 수 있을 것이다. 식물학자인 나의 친구 로일 박사John Forbes Royle, 1798~1858는 이 주제에 깊은 관심을 가지고 연구했다.

그는 인도 사하란푸르Saharanpore의 정원에서 일부 식물을 살리기 위해 특별한 조치를 취한 적이 있다고 전했다. 그는 식물 주변에 작은 나무와 관목들을 심어, 자연보다 더 습한 환경을 조성했다. 그의 책《히말라야의 동식물 도감Illustrations of the Flora and Fauna of the Himalayas》에서 이와 관련하여 매우 인상적인 사례를 소개했다.

§

보호와 재배의 효과를 보여주는 놀라운 예로 옐로 망고스틴 Yellow mangosteen, *Xanthochymus dulcis · Garcinia dulcis*을 들 수 있다. 이 나무는 인도 남부에서만 발견되며, 강한 햇빛과 바람, 기온 변화가 큰 사하란푸르에서는 생존할 수 없다.

하지만 이 나무는 델리 왕의 정원에서 거대한 나무로 성장하고 있다. 이 나무는 높은 궁전 성벽 안쪽에 있는 여러 건물에 둘러싸여 있어, 마치 숲 속 나무들 사이에서 자라는 것처럼 보호받고 있다. 또한, 정원을 가로지르는 운하에서 지속적으로 물을 공급 받아 관개가 이루어지면서 인공적인 기후가 형성된다.

이 덕분에 추위에 극도로 민감한 이 식물조차 델리의 노지에서 무성하게 자랄 수 있었다. 이 나무는 현지에서도 매우 귀하게 여겨, 심지어 사람들이 이 나무에 우유를 뿌려주고, 과일 도난을 방지하기 위해 병사들이 경비를 선다고 한다.

이러한 환경에서라면 식물을 둘러싼 공기가 비교적 안정적으로 유지되어, 식물이 추위를 견디는 데 중요한 역할을 한다. 만약 뜨겁고 건조한 지역에서 식물을 키운다면, 식물을 유리로 둘러싸 보호하고, 필요할 경우 유리 표면에 물을 뿌려 증발을 유도하는 등의 냉각 방식으로 온도를 낮출 수 있다. 마치 마법사의 지팡이를 휘두르듯 척박한 땅을 풍요로운 낙원으로 변화시키는 것이다.

이러한 사례는 프랑스 식물학자 데스퐁텐René Louiche Desfontaines, 1750~1833이 《아틀라스의 식물Flora Atlantica》에서 묘사한 야자수 숲과 같은 환경을 조성하는 것과 비슷하다.

§

울창한 야자수 숲은 햇빛이 거의 들지 않을 정도로 짙은 그늘을 드리운다. 뜨거운 열기로 인간이 살기 어려운 지역이지만, 이 숲은 사람과 동물에게 소중한 그늘을 제공한다. 그 아래에서는 오렌지와 레몬, 석류, 올리브, 아몬드, 포도나무가 무성하게 자라며, 강한 그늘 속에서도 가장 풍미 깊은 열매를 맺는다. 또한, 이 숲에는 다채로운 꽃들이 만발하여 장관을 이루고, 맑은 샘물과 풍부한 먹이를 찾아 날아든 새들은 감미로운 노랫소리로 숲을 가득 채운다.

이러한 환경은 어센션 섬Ascension, 남대서양 적도 부근의 화산섬과 같이 물이 귀한 지역에 조성하면 유용하게 활용될 것이다. 추운 지역에서는 부족한 일조량을 최대한 활용하고, 식물을 강한 바람으로부터 보호하는 것이 중요하다.

아이슬란드와 라브라도 지역의 양배추도 직경 2센티미터에 불과하지만 적절히 환경을 조성한다면, 이곳에서도 훨씬 더 크게 자랄 수 있다.

극한 환경에서
살아남는 원리

워디언 케이스로 식물을 키울 때 가장 큰 장점은 외부로부터 오염물질을 차단하고, 식물이 원하는 최적의 환경을 인위적으로 조성할 수 있다는 것이다. 또한, 이러한 환경을 오랫동안 안정적으로 유지할 수 있다. 닫아놓은 환경에서는 습도가 일정하게 유지되므로, 과습이나 건조 피해로부터도 자유롭다.

게다가 공기의 흐름이 거의 없기 때문에 외부의 급격한 온도 변화에도 큰 영향을 받지 않고 식물을 건강하게 키울 수 있다. 이것은 이미 화학자 찰스 블래그든이 진행한 고온 실험이나, 프랑스의 곡예사 헨리 쇼베르트의 '오븐 쇼'에서 입증된 바 있다.[*]

찰스 블래그든이 진행한 실험처럼 사람이 고온의 방에서도 극한의 열을 견딜 수 있는 이유는 공기의 흐름이 차단되어 있기 때문

---

[*] 1775년, 찰스 블래그든(Charles Blagden, 1748~1820)은 인간이 고온 환경에서 견딜 수 있는 능력을 연구하기 위해 100~260℃로 가열된 방에 들어가 자신의 신체반응을 기록하는 실험을 했다. 또한 19세기 프랑스의 공연 예술가 헨리 쇼베르(Henri Chaubert)는 150~200도가 넘는 고온의 오븐 안에 들어가 몇 분 동안 견디는 쇼를 선보였다. 이것은 단순한 마술이 아니라, 실제로 높은 열을 견디는 신체 적응력을 기반으로 한 공연이었다.

이다. 공기가 정체된 상태에서는 피부에서 배출되는 땀이 천천히 증발하면서 체온을 유지하는 보호막 역할을 한다. 남향 창가에서 킬라니 고사리가 3년 동안 살아남을 수 있었던 이유도 비슷한 원리다. 킬라니 고사리는 지속적으로 높은 온도에 노출되어 있었지만, 유리 덮개로 보호한 덕에 말라 죽지 않고 생존했다.

워디언 케이스는 극한의 추위에서도 같은 원리로 식물을 보호한다. 북극 탐험가들의 증언에 따르면, 공기가 완전히 정체된 상태에서는 온도가 영하 70도까지 떨어져도 심각한 불편을 느끼지 않는다. 그러나 바람이 불면, 온도가 훨씬 높더라도 체감 온도는 극도로 낮아져 견디기 어려운 환경이 된다.

"태양 아래 새로운 것은 없다"는 격언처럼 워디언 케이스의 개념은 '창조의 순간'부터 이미 자연 속에 존재해왔다. 탐험가들은 이와 관련하여 흥미로운 사례를 전해준다.

북극지방에서는 눈이 오히려 혹독한 바람을 막아주어, 극한 환경에서도 식물이 생존할 수 있는 보호막 역할을 한다. 식물들은 눈 아래에서 새싹을 틔우며 주변의 눈을 몇 센티미터씩 녹인다. 그러면 녹은 눈이 다시 얼어 투명한 얼음층을 형성하는데, 이 얼음층으로 태양광이 투과되면서 자연적으로 온실 역할을 하여 식물을 따뜻하게 보호해주는 것이다. 이렇게 겨울 동안 보호받은 식물은 여

그림 3-14. 수정궁 누비아의 방

워디언 케이스는 크기와 형태 면에서 거의 무한한 변화를 줄 수 있다. 1리터짜리 작은 병에서
부터 수정궁만큼 거대한 건물까지 다양하게 제작할 수 있다. 조셉 팩스턴은 철과 유리를 이용
하여 워디언 케이스 원리로 수정궁을 설계했다.

그림 3-15. 거대한 식물 공간으로 탈바꿈한 수정궁

수정궁은 1854년 시드넘(Sydenham)으로 옮겨 재건되었다. 내부에는 야자수 정원, 고대 문명 전시관(이집트관, 그리스관, 로마관 등), 거대한 식물 전시 공간 등이 조성되었으며, 다양한 희귀 식물이 배치된 유리 온실도 포함되었다.

그림 3-16. 아이언 프레임 워디언 케이스

아이언 프레임으로 만든 응접식용 워디언 케이스. 실내 인테리어 효과를 위해 전면 유리로 된
디자인이 주목할 만하다.

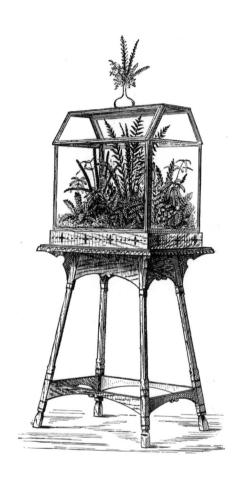

그림 3-17. 이스트레이크 워디언 케이스
이스트레이크 스타일의 고사리 온실. 디자이너 찰스 이스트레이크(Charles Eastlake)의 이름을
땄다. 간결하고 기하학적인 디자인이 특징이다.

그림 3-18. 다양한 형태의 유리돔 받침대

유리돔 워디언 케이스의 받침대는 다양한 형태로 디자인되었다. 하단에 화분을 함께 배치할
수 있는 일본 스타일의 받침대다.

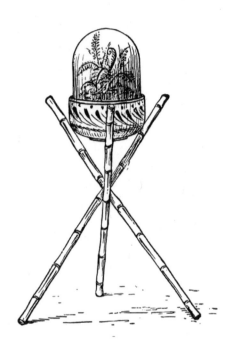

그림 3-19. 러시아 스타일 유리돔 받침대

세 개의 대나무를 엇갈려 케이스를 얹어놓은 방식의 러시아 스타일의 유리돔 받침대도 등장했다.

름이 되면 더 이상 보호 없이도 성장할 수 있다.

이러한 현상을 이해하기 위해 군이 북극까지 갈 필요는 없다. 한 시인은 "동풍이 불면 면도하는 법을 배우게 된다"고 했다. 3월의 칼바람은 야외에서 자라는 식물들에게 치명적인 피해를 줄 수 있지만, 닫혀 있는 환경에서 자라는 식물은 전혀 영향을 받지 않는다. 물론 이 공간에서 공기의 흐름이 차단된다고 걱정하지 않아도 된다. 앞서 설명한 기체 확산 법칙 덕분에, 공기는 자연스럽게 순환하게 되어 있다.

미학적으로 거듭난
워디언 케이스

워디언 케이스는 크기와 형태 면에서 거의 무한한 변화를 줄 수 있다. 1리터짜리 작은 병에서부터 수정궁만큼 거대한 건물에 이르기까지 다양하게 제작할 수 있다. 그림 3-14, 3-15 사실 크면 클수록 효과는 더욱 좋다. 초기의 워디언 케이스는 다소 투박하고 세련미가 떨어졌지만, 화가인 나의 친구 에드워드 쿡*이 그의 예술 감각을 발휘해 실용적이면서도 아름다운 디자인을 만들어냈다. 워디언 케이스가 만국박람회에 전시되었을 때 많은 사람들이 이러한 차이를

워디언 케이스

직접 확인할 수 있었고, 보다 쉽게 선택할 수 있도록 도면도 함께 제공했다.[†] 그림 3-16~3-19

워디언 케이스의 바닥에는 작은 배수구를 두는 것이 좋다. 일부 식물은 가끔씩 물을 주는 것이 더 좋은 경우도 있고, 흙 속에 민달팽이가 들어가면 석회수로 흙을 세척하여 제거할 때 유용하다. 이때 물이 배수구를 통해 빠져나가야 한다.

다육식물이나 일부 식물은 오랫 동안 물 주지 않아도 워디언 케이스 안에서 살 수 있다. 나는 지금도 18년 동안 물 한 방울 주지 않고 유리병 안에서 건강하게 살고 있는 고사리와 이끼 몇 종을 키운다. 워디언 케이스 안에 야자수와 고사리를 넣고, 충분한 빛과 적절한 온도만 맞춰준다면 물 한 번 주지 않고 100년까지도 살 수 있다.

대부분 식물들은 꽃을 피우려면 충분한 수분이 필요하지만, 개화 후에는 건조하게 유지해주어야 한다. 워디언 케이스에서도 뚜껑이나 문을 열어 과도한 습기를 증발시키면 간단하게 해결된다.

---

*   에드워드 쿡(Edward William Cooke, 1811~1880). 영국의 화가이자 판화가. 그는 워드의 후원 아래 정원 설계와 식물학에 관심을 가지게 되었으며, 워디언 케이스의 디자인을 개선하여 실용적이면서도 장식적인 형태로 발전시키는 데 기여했다. 또한, 그는 클래펌에 있는 집의 후원(後園)을 설계하기도 했다. 너새니얼 워드의 사위이기도 하다.

†   도예가 존 돌턴(John Doulton, 1793~1873)이 테라코타로 제작한 양치식물용 스탠드는 주목할 만하다. 이 스탠드 모서리에는 비늘나무가, 옆면에는 고생대 고사리가 장식되어 있다.

워디언 케이스 관리의 흔한 오해 중 하나는, 반드시 많은 식물 지식이 필요하다는 것이다. 하지만 지금까지 내용을 보면 알 수 있듯, 식물이 워디언 케이스 안에서 자라든 노지에서 자라든, 그 식물이 본래의 서식 환경을 충실히 재현하는 것이 가장 중요하다.

또한, 워디언 케이스에서 자라는 식물이 종종 곰팡이가 생긴다고 불평하는 사람들도 있다. 이것은 온도가 낮거나 빛이 부족할 때, 또는 과습 등의 다양한 요인이 복합적으로 작용하여 식물 활동을 둔화시키기 때문이다. 물론 식물이 자연적으로 노화하는 과정에서 부패하는 경우도 있다. 그리고 자연은 곰팡이균을 통해 더 이상 필요없는 것을 제거하는 과정도 거친다. 그런데 이러한 과정 자체를 관찰하는 것 역시 매우 흥미로운 일이다. 성경에도 이런 말씀이 있지 않은가. "찍어버리라, 어찌 땅만 버리게 하겠느냐." 〈누가복음〉 13:7

우연한 발견,
관찰의 습관

우리 주변에서 일어나는 자연 현상을 유심히 관찰하는 것은 정말 중요하다.† 내가 워디언 케이스 연구를 하게 된 계기는 유리병에서 고사리를 우연하게 발견한 것이 시작이었다. 어쩌면 수많은

워디언 케이스

원예가들도 이미 수없이 목격했던 장면일 수 있다. 하지만 그들이 방치한 공간에는 오이나 멜론 대신 잡초가 무성했기 때문에, 별다른 관심을 기울이지 않았을 뿐이다.

솔직히 말하자면, 나 역시 유리병 안에 자란 것이 고사리가 아니라 그저 민들레나 별꽃 같은 흔한 잡초였다면, 별 관심을 가지지 않았을 것이다. 그리고 만약 내가 화학자 험프리 데이비Humphry Davy, 1778~1829나 물리학자 패러데이 교수처럼 뛰어난 귀납적 사고력을 가진 사람이었다면, 고사리가 자란 것을 보자마자 수년간의 연구 결과를 미리 예측할 수도 있었을 것이다. 그랬다면, 나는 아마 이렇게 결론 내렸을 것이다.

"고사리뿐만 아니라 모든 식물도 워디언 케이스 안에서 건강하게 자랄 수 있겠군. 왜냐하면, 나는 각 식물이 원하는 환경을 조절할 능력이 있기 때문이지."

†　언젠가 저명한 수학자가 워디언 케이스에서 식물 키우는 법을 묻기 위해 나를 찾아왔다. 몇몇 식물은 잘 크는데, 다른 식물은 제대로 자라지 않는다는 것이다. '관찰'의 중요성에 대한 나의 조언을 들은 그는 떠나면서 나에게 말했다. "한번 저를 찾아오세요. 저도 나름 대로 보답할 게 있을 것 같습니다. 당신이 저에게 깊이 생각할 기회를 준 것처럼, 저도 당신에게 생각할 거리를 드리겠습니다."

§

포근한 태양이 새벽을 깨우면

새싹들은 망설임 없이 빛을 향해 몸을 열고,

덩굴은 남풍의 부드러운 노래에도

북풍이 몰아오는 거센 비구름에도 흔들리지 않네.

오히려 더 높이 손을 뻗어 새 움을 틔우고,

잎새를 활짝 펼치며 자연의 품에 안기네.

_베르길리우스(Publius Vergilius Maro), 《농경시(Georgics)》 2권 332행

§

포르투갈과 서인도의 황금빛 보물,

붉은 오렌지와 창백한 라임은

윤기 어린 잎새 틈으로 몰아치는 폭풍을 응시하며

바람에도 흔들림 없이 고요한 미소를 머금는다.

윌리엄 카우퍼(William Cowper)

CHAPTER IV

식물을 먼 곳으로
옮긴다는 것

휴면 상태로 식물을
보존하는 법

식물을 먼 나라로 운송하기 위해 다양한 방법이 시도되어왔는데, 그 방식은 크게 두 가지로 나눌 수 있다. 첫 번째는 식물을 휴면 상태로 유지하는 것이고, 두 번째는 항해 중에도 식물이 계속 자랄 수 있도록 관리하는 것이다.

가장 효과적으로 식물을 휴면 상태로 보존하는 방법은 로디지스가 처음으로 제안한 것으로, 오늘날까지도 널리 활용되고 있다.

바로 수태Sphagnum moss를 층층이 쌓아 포장하는 것이다. 이 방식은 낙엽수와 관목을 비롯한 다양한 식물이 생장기를 마친 후 운송될 때 매우 적합하다.

반면, 선인장과 다육식물은 가능한 한 건조한 상태를 유지해야 하며, 로디지스는 이 경우 모든 유기물을 제거한 후 완전히 건조한 모래에 포장해야 한다고 조언했다.

성장 상태를 유지하며
운송하는 법

그러나 대부분의 식물은 항해 중에도 계속 성장한다. 워디언 케이스가 도입되기 전에는 이러한 식물들이 대부분 운송 중에 폐사했다. 이것은 온도 변화로 스트레스를 받거나 수분을 과하거나 부족하게 공급했기 때문이다. 또한 바다의 염분기로 손상되기도 한다. 비록 바닷물에 직접 닿지 않더라도, 빛을 충분히 받지 못하면 결국 생존할 수 없었다.

식물학자이자 의사인 나의 친구 멘지스Archibald Menzies, 1754~1842는 밴쿠버 탐험대와 함께 마지막 세계 일주 항해를 마치고 돌아올 때, 자신이 싣고 있던 모든 식물을 잃고 말았다. 그는 그 원인은 빛이 부족했기 때문이라고 이야기한 적이 있다. 만약 예상보다 항해가 길어지거나 선상에 식수가 부족해진다면, 식물을 어떻게 보호하면 좋을까?

1771년, 프랑스 해군 장교 데 클리외François D'ceus de Clieu는 파리 왕립식물원Jardin du Roi의 커피나무를 카리브해의 마르티니크 섬으로 운반하는 임무를 맡았다.

그는 극한 상황 속에서도 식물을 살리기 위해 희생을 감수한 인물로 유명하다. 당시 그가 탄 배는 길고 험난한 항해 중이었다. 결국 배에 실린 커피나무는 단 한 그루만 살아남고 모두 죽어버렸다. 배에는 선원들에게 줄 식수도 부족한 상황이었다. 그런데 데 클리외는 자신에게 배급된 마지막 물을 이 커피나무에게 나눠준다. 그의 헌신 덕에 이 나무는 마침내 마르티니크 섬에 도착할 수 있었다. 이후 이 커피나무는 마르티니크 섬뿐만 아니라 주변 여러 섬으로 퍼져 커피를 재배할 수 있는 모체가 되었다.

나는 당시 이러한 실패 사례들을 보면서, 적어도 고사리와 비슷한 환경에서 자라는 식물은 워디언 케이스로 해결할 수 있을 것이라고 생각했다.

운송을 위한
역사적인 첫 실험

1833년 6월 초, 나는 고사리와 포도나무 등의 식물을 두 개의 워디언 케이스에 담아 시드니로 보내보기로 했다. 이 운송의 실험은 열정 넘치는 나의 친구 찰스 말라드 선장Charles Mallard이 맡아주었다.

1833년 11월 23일, 찰스 말라드 선장은 시드니로 가는 중간 기착지 호바트 타운호주 태즈메이니아 주에서 워디언 케이스의 장거리 운송 실험이 성공했다고 알려왔다.

§

존경하는 워드 경께,

실험이 완벽하게 성공했다는 소식을 듣고 진심으로 기뻤습니다. 물을 거의 주지 않고, 공기에 직접 노출되지 않은 상태에서 식물이 온전히 보존될 수 있다는 점이 놀라울 따름입니다.

제가 맡아 운반한 두 개의 워디언 케이스에는 고사리, 이끼, 그리고 몇 종류의 풀이 담겨 있었습니다. 항해 동안 이 상자들은 배의 후미 갑판에 보관되어 있었습니다. 두세 종의 고사리가 약간 시들어 보이긴 했지만, 그 외의 모든 식물들은 여전히 생기 넘치고 건강한 상태를 유지하고 있습니다.

적도를 지날 때는 극심한 더위가 이어졌지만, 저는 딱 한 번 가볍게 물을 뿌려준 것 외에 어떤 조치도 하지 않았습니다. 이것이 항해 중에 식물들이 유일하게 받은 물 공급이었지요. 그런데도 모든 식물들이 무성하게 자랐습니다. 일부 식물은 상자의 뚜껑을 밀어낼 정도로 왕성하게 성장했습니다.

당신의 요청에 따라 이 상자들은 시드니로 운반될 예정입니다. 현재의 훌륭한 상태 그대로 커닝햄 씨에게 전해 드릴 수 있을 거라 확신합니다.

이 간단하면서도 혁신적인 보존 방법이 긴 항해에도 식물들을 온전히 보호할 수 있다는 것과, 당신의 새로운 원리가 실험을 통해 완벽히 입증된 것을 진심으로 축하드립니다. 저 또한 이 역사적인 실험에 작으나마 기여를 할 수 있게 되어 자랑스럽게 생각합니다.

1833년 11월 23일

호바트 타운에서

변함없는 존경과 우정을 담아,

당신의 진정한 친구 찰스 말라드

그후 1834년 2월, 이 케이스에 다시 식물을 채워 시드니에서 영국으로 출발했다. 당시 시드니의 기온은 그늘에서도 32~38도에 달할 정도로 뜨거웠고, 영국으로 돌아오는 항해 동안에도 워디언 케이스는 극심한 온도 변화를 겪어야 했다.

배가 시드니를 떠나 케이프 혼Cape Horn. 남미 최남단에 위치한 곳을 지날 때는 영하 7도까지 떨어졌고, 갑판 위에는 30센티미터 이상의 눈이 쌓이기도 했다. 케이프 혼을 지나 리우데자네이루에 이르자 기온은 38도까지 상승했다. 배가 적도를 지날 때는 무려 49도까지 치솟았다. 시드니를 떠난 지 8개월 후인 그해 11월, 영국해협English Channel에 들어섰을 때 기온은 4도까지 내려가 있었다.

이 식물들은 항해 내내 갑판 위에 둔 상태로 단 한 번도 물을 주지 않았다. 그럼에도 불구하고, 항구에 도착했을 때 모든 식물은 믿을 수 없을 정도로 건강하고 생기가 넘쳤다. 나는 이 식물들의 상태를 본 로디지스가 감탄을 금치 못했던 순간을 결코 잊을 수 없다. 특히 그는 처음으로 살아 있는 상태로 영국에 도착한 우산 고사리Umbrella fern. *Gleichenia microphylla*의 아름다운 잎을 보고 감격했다.

심지어 칼리코마Callicoma. *Callicoma serrata*의 씨앗은 항해 도중에 몇 개가 발아하여 건강한 상태로 자라나 있기도 했다. 같은 해에 커피나무와 기타 열대식물 역시 이브라힘 파샤에게 안전하게 전달되었다.p. 202 참고 이를 계기로 로디지스는 수많은 워디언 케이스를 전 세계로 보내 식물 운송을 하기 시작했다.p. 204 참고

데번셔 6대 공작인 윌리엄 캐번디시*는 워디언 케이스를 활용한 최초의 인물 중 하나다. 그의 정원사 한 명을 동인도로 보내 워디언 케이스로 현지 식물을 채집하게 했다. 그 식물을 자신의 온실에 들여오고자 했다. 그는 이 원정의 성공으로 오키드 트리Orchid tree, *Amherstia nobilis*를 비롯한 수많은 희귀 식물을 확보할 수 있었다.

1839년, 선교사 존 윌리엄스John Williams는 내비게이터 제도지금의 사모아 제도로 캐번디시 바나나를 가져가고 싶어했다. 그는 나에게 워디언 케이스로 이 식물을 안전하게 운송할 수 있을지 물어왔다. 나는 가능하다고 답해주었다. 이에 그는 데번셔 공작에게 부탁하여 캐번디시 바나나 묘목 한 그루를 받을 수 있었다.

1839년 4월 10일, 윌리엄스는 캐번디시 바나나를 워디언 케이스에 싣고 영국을 떠나, 그해 11월 말 내비게이터 제도 우폴루 섬

---

*   윌리엄 캐번디시(William Cavendish, 1790~1858). 영국의 귀족이자 식물학과 원예에 큰 관심을 가졌던 인물. 데번셔 가문의 저택인 채츠워스 하우스(Chatsworth House)에 대형 온실 '그레이트 컨서버토리(The Great Conservatory)'를 조성했다. 1834년, 영국 식물학자 로버트 포춘이 중국에서 바나나 품종을 최초로 가져와, 채츠워스 하우스에서 재배했다. 당시 온실 관리인이던 조셉 팩스턴이 재배에 성공하면서 '캐번디시 바나나'라는 이름이 붙게 되었다. 오늘날 우리가 작물로서 바나나를 먹을 수 있게 된 이유다.

그림 4-1. 캐번디시 바나나

1839년, 캐번디시 바나나는 워디언 케이스를 통해 우폴루 섬에 성공적으로 도착했다. 1840년
에는 300개 이상의 열매를 맺었고, 이후 30그루 이상 번식해 섬 곳곳에 심어졌다.

Upolu에 도착했다. 캐번디시 바나나는 어떻게 되었을까? 바나나는 긴 항해에도 잘 견뎌내어 도착 직후 바로 심어졌다.

1840년 5월, 이 나무는 300개 이상의 열매를 맺었고, 무게는 약 50킬로그램에 달했다. 모체는 열매를 맺은 후 수명을 다했지만, 30그루 이상의 자손을 남겨 섬 곳곳에 심어졌다. 그리고 1841년 5월, 이 모든 나무가 다시 열매를 맺으며 새로운 번식으로 이어졌다.

이 식물의 도입은 식량의 공급 면에서 중요했다. 바나나는 영양 공급원으로서 매우 중요한 식물이기 때문이다. 훔볼트는 멕시코와 인근 지역에서 같은 면적의 땅을 사용할 경우, 밀을 재배하면 두 사람을 부양할 수 있지만, 바나나를 재배하면 50명을 먹여 살릴 수 있다고 기록했다. 이 지역은 밀 수확량이 다른 지역보다 70~100배 많을 만큼 토양이 비옥했기 때문에, 바나나 역시 감자 대비 40배 더 많은 식량을 생산할 수 있다. 그림 4-1

식물 운송의
혁신

워디언 케이스는 식물 운송의 개념을 완전히 바꿔놓았다. 탐험가 로버트 포춘*은 원예학회 의뢰로 중국에 파견될 당시 그 탐험을 기록한 《중국 북부지방에서의 3년간의 방랑Three Years' Wanderings in the Northern Provinces of China》1847에서 워디언 케이스가 식물 운송 방식의 혁신을 이루었다고 이야기했다. 또한 그는 식물학자 존 리빙스턴 John Livingstone이 《원예학회 논문집Transactions of the Horticultural Society》1818 에 발표한 논문에서 "중국에서 영국으로 운송된 식물 1,000개 중 단 하나만 살아남았다"는 사실을 언급하면서, 자신은 워디언 케이스로 중국에서 250종의 식물을 실어와, 215종이 건강한 상태로 영국에 도착했다고도 했다. 이와 유사한 방식이 버뮤다 총독으로 재직했던 윌리엄 리드 역시 식물 교환을 목적으로 작은 휴대용 워디언 케이스를 활용했다.

그후 로버트 포춘은 영국 동인도회사의 의뢰로 중국을 다시 방문했다. 그는 히말라야 지역에 심을 차나무 품종을 확보했다며 나에게 편지를 보내왔다.

§

우리는 인도와 이곳 중국에서 워디언 케이스 덕에 놀라운 성과

* 로버트 포춘(Robert Fortune, 1812~1880). 19세기 영국의 대표적인 식물 수집가이자 탐험가. 워디언케이스를 활용해 중국, 인도, 일본 등에서 식물을 성공적으로 운반했으며, 영국의 차 산업 발전에 결정적인 역할을 했다.

를 거두었어요. 상하이에서 히말라야까지 약 2만 그루의 차나무를 건강한 상태로 운반했습니다. 미국으로 보낸 일부 상자의 식물들 역시 우수한 상태를 유지했습니다. 그뿐 아니라 제가 이곳에서 여러 차례 보낸 희귀하고 아름다운 나무들도 거의 손실 없이 도착했답니다. 모두 당신 덕분입니다.

닫는 것이 생명인
워디언 케이스

워디언 케이스를 이용한 식물 운송이 일반화되었기 때문에, 개별 사례를 일일이 언급할 필요는 없을 것 같다. 이미 대부분의 나라에서 이 방식으로 혜택을 누리고 있고, 현재도 널리 활용되고 있기 때문이다. p. 209, 211, 219, 221 참고 프랑스와 영국 정부 또한 공식 원정 탐사에서 워디언 케이스를 의무적으로 사용하도록 했다. 그림 4-2

한편, 프랑스 식물학자 기유맹M. Guillemin은 워디언 케이스의 제작비를 절감하려다 외려 낭패를 본 사람이다. 그는 파리 농업상업 부장관의 명으로 브라질에 파견되었는데, 그의 임무는 차나무 재배 및 가공법을 연구하여 이를 프랑스에서 적용하는 것이었다.

그는 리우데자네이루로 차나무를 가져갈 때 워디언 케이스로

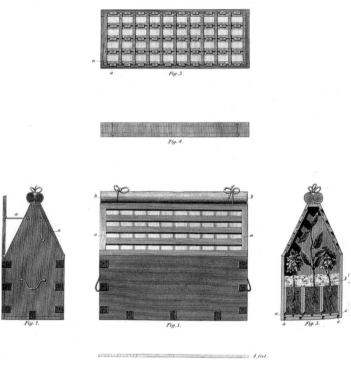

그림 4-2. 존 린들리의 워디언 케이스

해외 식물 운반에 쓰인 워디언 케이스. 1824년 식물학자 존 린들리가 설계했다. 식물 운반용
워디언 케이스는 빛을 충분히 받으면서 내부 습기가 빠져나가지 않도록 하고, 바닷물의 염분
이나 이물질이 들어오지 않게 하는 것이 핵심이다. p. 207 참고.

운송하여 성공한 경험이 있었다. 그후 리우데자네이루에서 다시 프랑스로 차나무를 운송해야 할 일이 생겼다. 그는 처음에 워디언 케이스 방식으로 상자를 제작하려고 했다. 하지만 그는 케이스 제작 비용을 아끼기 위해 계획을 변경하게 된다.[†] 그는 과거에 유럽에서 '미닫이 패널 상자'[*]에 과수 묘목을 담아 성공적으로 운송한 경험이 있었기 때문에, 이번에도 워디언 케이스 대신 그 방식을 선택한 것이었다. 그는 결과에 대해 다음과 같이 기록했다.

§

1839년 5월 20일, '히로인Heroine 호'가 출항한 다음 날, 나는 18개의 소중한 상자가 선실에 단정히 정렬된 모습을 보고 매우 흡족했다. 상자는 단단히 고정되어 있었기 때문에 항해 중에도 평형을 유지했다. 또한 빛을 충분히 받을 수 있는 위치에 놓여 있어, 악천후에는 패널을 닫아 보호할 수 있도록 설계했다. 나는 생기 넘치는 잎사귀를 가진 이 차나무들이 리우데자네이루에서 많

[†]　기유맹의 모든 상자에 유리를 씌우는 비용은 20파운드도 넘지 않았을 것이다.

[*]　기유맹이 설계한 미닫이 패널 상자는 유리의 비중이 많았던 워디언케이스와 달리 일부만 유리로 되어 있어 빛을 충분히 받지 못했고, 워디언케이스는 막힌 구조였지만, 기유맹의 상자는 개폐가 가능해 습도 유지가 어려웠다.

은 이들에게 찬사를 받았기 때문에, 프랑스에서도 건강하게 정착하여 인정받을 것이라고 기대했다.

하지만 그 만족감은 오래가지 않았다. 이틀 후, 강한 북풍으로 배가 항로에서 이탈하기 시작했다. 이 위도에서는 드물게 바다가 평소보다 더욱 거칠었다. 나는 식물들이 바닷물에 손상되지 않게 하기 위해 선실의 창을 닫을 수밖에 없었는데, 이 때문에 빛이 차단되면서 식물들은 심각한 피해를 입게 되었다.

나는 이 마지막 상황, 특히 최근에 옮겨 심은 식물들이 가장 먼저 상태가 악화된 원인이 빛 차단 때문이라고 생각한다. 바다가 잔잔해지자 선창을 열 수 있게 되었지만, 바람은 이내 바다의 미세한 소금기를 실어 날라 상자 위에 흩뿌려댔다. 치명적이었다. 직접 바람을 맞은 쪽 상자의 식물들이 반대쪽 상자보다 훨씬 피해가 컸다.

6월 11일, 대부분의 차나무는 잎을 잃었고, 일부는 줄기까지 완전히 말라버렸다. 몇몇 씨앗은 발아했지만, 새싹은 웃자라 창백한 잎 몇 장만 달려 있을 뿐이었다.

7월 2일, 배가 북위 24도, 서경 42도에 도달했을 때, 가장 튼튼했던 관목들이 오히려 가장 큰 피해를 입었다. 일부 식물은 겨우 새순을 내기 시작했고, 어린 묘목들은 점차 푸른빛을 되찾고 있

워디언 케이스

었다. 세실 선장은 차나무들이 살아나는 것을 보고 관심을 보이기 시작했다. 배의 물통 일부에서 누수가 발생하여 선원들은 부족한 물로 생활해야 했지만, 그는 차나무를 위해 더 많은 물을 공급하도록 지시했다.

7월 24일, 배는 영국 브레스트Brest에 도착했다. 리우데자네이루에서 출항한 지 불과 두 달 만이었다. 이후 차나무들은 8월 말 파리에 도착했는데, 전체 개체 수는 1,500그루로 줄어들었다. 원래 수량의 약 3분의 1만 남은 셈이다.

_윌리엄 J. 후커, 《식물학 저널(Journal of Botany)》 중에서

이 기록에 대해서는 따로 설명할 필요는 없을 것 같다. 만약 식물들이 유리로 보호되었다면 어땠을까? 짧은 항해 동안 단 한 그루도 죽지 않았을 것이다.

워디언 케이스에
오래 보관하는 법

워디언 케이스에 식물을 담아 먼 거리를 이동할 때는 몇 가지 세심한 관리가 필요하다. 첫 번째, 빛을 충분히 받을 수 있도록 배

치해야 한다. 두 번째, 내부 습기가 빠져나가지 않도록 하고, 바닷물의 염분이나 기타 이물질이 들어오지 않게 해야 한다. 세 번째, 이를 방지하기 위해 나무 틀은 미리 페인트칠을 하고, 유리와 나무 틀 사이는 퍼티로 밀봉해야 한다. 네 번째, 토양의 깊이는 15~20센티미터를 넘지 않도록 한다.

식물은 각각 심는 것보다 한데 모아 같은 흙에 심는 것이 더 효과적이다. 이렇게 하면 습도가 높아져 더욱 건강하게 성장할 수 있다. 또한, 성장 속도가 비슷한 식물끼리 담아야 한다. 만약 빠르게 자라는 식물과 느리게 자라는 식물이 함께 있다면, 빠르게 자라는 식물이 빛을 독점하여 다른 식물들이 죽을 수 있다.

또 한 가지 중요한 것은 상자 하나에 동일한 종의 식물만 넣어야 건강한 상태로 도착한다는 것이다. 예를 들어, 노퍽섬 소나무 Norfolk Island pine, *Araucaria heterophylla*만 넣은 상자들은 운송 후에도 거의 누렇게 변한 잎 하나 없이 아름다운 상태를 유지했다.

이러한 몇 가지 주의사항을 철저히 따르고, 로디지스처럼 식물 포장에 정성을 기울이며, 찰스 말라드 선장처럼 항해 중 식물에게 충분한 빛을 제공한다면, 길고 험난한 항해 속에서도 식물들은 건강하게 살아남을 것이다.

워디언 케이스 속의 식물들은 극단적인 온도 변화를 견딜 수 있지만, 그렇다고 모든 식물이 오랫동안 추위를 견딜 수 있는 것은 아니다. 몇 달간의 항해를 거쳐 영국 랜즈엔드*에 도착했을 때만 해도 건강한 상태를 유지했던 귀중한 식물들이, 영국해협에 들어와 겨울을 만나면서 죽어버린 사례도 적지 않았다. 따라서 모든 열대 식물들은 온화한 계절에 도착할 수 있도록 출발 시점을 신중하게 조정해야 한다.

씨앗 운송의
원칙

씨앗을 운송할 때는 씨앗이 기름기가 많거나, 특이한 구조를 가졌거나 또는 기타 여러 이유로 발아력을 잃은 경우, 다른 식물 사이에 뿌리거나 별도의 워디언 케이스에 직접 심어 운송하는 것이 가장 효과적이다. 이 방법을 통해 수많은 희귀하고 아름다운 식물을 성공적으로 들여올 수 있었다.

씨앗 운송에 대해서는 이미 80여 년 전, 저명한 식물학자 존 엘

---

* 랜즈엔드(Land's End). 영국의 최서단 지점. 19세기 대서양을 횡단하는 배들의 중요 기항지 중 하나로, 무역선, 탐험선, 원정선이 이곳을 지나 대서양으로 출항하는 경우가 많았다.

리스가 상세하게 기록한 바 있다.

§

종자상들은 장거리 항해 중 씨앗을 온전히 보존하는 방법을 찾는 데 늘 어려움을 겪어왔다. 이에 대한 흥미로운 사례가 하나 있다.

한 신사가 인도네시아 수마트라섬의 벵쿨렌Bencoolen, 지금의 벵쿨루으로 가면서, 자신의 정원에 심을 다양한 씨앗을 챙겨갔다. 그는 이 씨앗들을 나무 상자에 담아 배의 화물칸에 실었다. 그는 벵쿨렌에 도착하자마자 씨앗을 자신의 정원에 뿌렸지만 크게 실망하고 말았다. 씨앗이 모두 썩어 하나도 싹을 틔우지 못했기 때문이다. 그는 씨앗이 손상된 원인이, 배의 화물칸 온도가 지나치게 높았고, 오랜 항해 동안 부패한 공기에 노출되었기 때문이라고 생각했다.

그후 그는 영국으로 돌아올 기회가 있어, 다음 항해에는 새로운 방법을 시도해보기로 했다. 이번에는 작은 씨앗들을 각각 종이 봉투에 담아 깨끗한 짚 사이에 넣고, 이를 촘촘한 그물망에 담아 자신의 선실에 걸어두었다. 그리고 큰 씨앗들은 공기가 원활히 흐를 수 있도록 상자에 담아 보관했다. 그가 다시 벵쿨렌에 도착해 같은 씨앗들을 심자 놀라운 결과가 나왔다. 모든 씨앗이 건강하게 싹을 틔운 것이다.

종자상들은 영국에서도 창고에 씨앗을 쌓아두면 쉽게 상할 수 있다는 사실을 잘 알고 있다. 이를 방지하기 위해서는 주기적으로 씨앗을 체를 쳐서 뒤섞어주어야 한다. 특히 습하고 서늘한 여름에 채종된 씨앗들은 수분이 너무 많고 배아 조직이 충분히 성숙하지 못해 더운 기후의 지역으로 수출하기에는 적합하지 않다.

예를 들어, 영국의 도토리 역시 따뜻한 여름을 거쳐 성숙되지 않으면 오래 보관할 수 없다. 반면, 미국에서 가져오는 도토리는 현지의 더운 여름을 나면서 수분이 적절히 증발되어 영국에 도착했을 때 상태가 좋은 경우가 많다.

이러한 도토리는 햇볕에 노출되더라도 영국산보다 쉽게 수축하거나 변질되지 않는다. 이처럼 해외로 씨앗을 보낼 때 씨앗이 충분히 익고 완전히 건조되었는지를 확인하는 것은 정말 중요하다.

_존 엘리스, 《선장, 선상의사, 그리고 해외 식물채집자를 위한 지침서:
발아 가능한 씨앗과 식물의 보존법》 중에서

§

자연의 책은 누구에게나 열려 있으며
어떤 언어로도 읽을 수 있네.
창조의 작품들은 그 자체로 말하고
그 의미를 풀어줄 이가 따로 필요하지 않다.

그것은 누구나 깨달을 수 있는 진리
굳이 배우지 않아도, 가르칠 필요도 없이―
말이 없어도, 언어가 없어도
그 목소리는 모든 이의 가슴에 닿으니.

_토마스 셜록(T. Sherlock)

CHAPTER V

삶의 질을 높인
워디언 케이스

일상을 바꾼
워디언 케이스

워디언 케이스의 유용한 활용법 중에서도 내가 가장 중요하게 생각하는 것이 있다. 바로 대도시의 인구 밀집 지역에서 살아가는 사람들의 삶의 질을 높이는 데 워디언 케이스가 쓰이는 것이다. 이들 중에는 어릴 적 기억 때문일 수도 있고, 자연에 대한 애정 때문일 수도 있지만, 식물을 열렬히 사랑하는 사람들이 많다. 이들은 기꺼이 많은 노력을 들여서라도 자신의 취향을 충족하려 한다.

몇 년 전, 브리스톨에 사는 부인이 나에게 편지를 보내왔다.

§

저는 이곳의 한 유리세공사가 만든 워디언 케이스를 가지고 있어요. 그분은 이 상자를 들인 후에, 자신의 작고 어두운 방이 녹색 식물들로 생기를 되찾았다며, 선생님의 '발견'에 얼마나 감사해하는지 모릅니다.

선생님은 정말 많은 사람들에게 큰 기쁨을 주셨어요. 병이나 생업 때문에 어둡고 매연 가득한 도시에서 살아가야 하는 사람들이, 워디언 케이스 속에서 건강하게 자라는 식물을 바라보며 큰 위안을 얻고 있습니다. 선생님도 이런 모습을 보면 분명 큰 보람을 느끼실 거예요.

또한, 많은 사람들이 워디언 케이스에 채울 식물을 찾기 위해 시골로 나가 산책을 하게 되었답니다. 평소라면 집 밖을 나서지도 않았을 텐데 말이지요.

비슷한 시기에, 이 부인이 말한 유리세공사 아이비_{Mr. Ivey}씨에게서도 편지 한 통을 받았다. 그의 편지에는 도시 사람들의 애환을 생생하게 담고 있다.

§

저는 선생님의 책을 매우 흥미롭게 읽고 유익한 정보를 얻을 수 있었습니다. 책을 읽고 나서, 워디언 케이스를 거실 창가 턱에 설치해 저만의 작은 '소인국의 풍경'을 만들었습니다.

이 케이스에는 오후 두 시쯤 해가 들지만, 몇 달이 지나면 그나마도 햇빛이 전혀 들지 않습니다. 그럼에도 불구하고 이 안에서는 다양한 고사리와 괭이밥, 여러 종의 야생식물이 건강하게 자라고 있습니다. 많은 사람들이 이 작은 정원을 보고 감탄합니다. 어떻게 닫아놓은 케이스 안에서 식물이 잘 사는지 신기해하죠.

제 작업장 뒤쪽과 워디언 케이스 가까이에는 대장간이 있어 연일 연기가 뿜어져 나오고, 빵집 굴뚝에서도 많은 연기가 올라옵니다. 만약 이 케이스에 바깥 공기가 유입된다면, 지금의 건강한 모습은 한순간에 폐허가 되어버릴 게 분명합니다. 마지막으로 선생님께 드리고 싶은 말씀은, 언제든 제 도움이 필요하시면 기꺼이 돕겠다는 것이에요.

저는 어릴 때부터 무언가를 가꾸는 것을 무척 좋아했습니다. 제가 식물을 키운 첫 기억은, 우리집 마당 담장을 따라 자라던 별꽃 한 줄기였습니다. 그때는 지금의 식물 애호가들에게 후크시아나 보라색 한련을 얻은 것만큼이나 무척 기쁜 일이었답니다.

1816년 3월, 저는 약 5×3미터 크기의 작은 땅뙈기에 보리를 심었어요. 그 땅이 푸른 풀밭으로 울창하게 자라는 것을 보면서 스스로 훌륭한 정원사라고 생각했던 기억이 납니다. 저는 여전히 식물 가꾸는 일을 사랑합니다. 그리고 무엇보다 지금 제가 누리는 이 작은 기쁨에 감사한 마음입니다.

가끔은 일을 마치고 몸과 마음이 지쳐 집에 돌아와도, 창가의 작은 온실이 저를 상쾌하게 반겨줍니다. 그 모습을 바라보면 저도 모르게 위안을 얻고, 이 작은 정원을 가꾸면서 들인 모든 노력이 보상받는 기분입니다.[†]

§

그래, 가난한 이의 정원에는
단순한 풀과 꽃 이상이 자라나네.
따뜻한 마음, 만족감, 평온한 마음,
그리고 지친 시간 속 기쁨이 함께하나니.

[†] 최근에 그가 사는 콜리지 스트리트를 방문한 적이 있다. 그는 여전히 정직하고 성실한 삶을 꾸려나가고 있었다. 아이비 씨는 워디언 케이스 안에 12개월 이상 키운 몇 종의 해조류도 보여주었는데, 그 식물들 역시 매우 건강한 상태였다.

영국 원예학회에서 신실한 삶을 살며 존경받은 식물학자 피터 콜린슨Peter Collinson, 1694~1768은 이렇게 말했다.

"정원 가꾸기의 즐거움을 추구하는 사람들은 모두 절제되고 도덕적입니다. 만약 그렇지 않은 사람이라 해도, 정원을 가꾸면 결국 절제와 도덕성을 갖추게 됩니다."

사람들이 주목할 만한 사실이 하나 더 있다. 정원이 정성스럽게 가꾸어진 오두막이나 소박한 집은, 실내 역시 단정하고 깨끗하게 정리되어 있어 가정의 평온함이 유지된다는 점이다.

웰클로즈 스퀘어에는 스미스라는 또 한 명의 유리세공사가 살고 있다. 그는 내가 지금껏 본 금붕어 수조 중에서 가장 훌륭한 수조를 가지고 있다. 이 수조는 60×30×45센티미터가로×세로×높이의 크기로, 30센티미터 정도는 물로 채워져 있다. 바닥에는 고대 유럽의 거석 구조물인 크롬레크cromlech 모형을 배치하여 배관을 감출 수 있게 했다. 이 배관에서는 미세한 물줄기가 나왔는데 더운 여름에는 시원한 느낌을 주었고, 수조 내의 여과기 역할도 했다. 런던의 대기 오염으로 실내에도 오염물질이 쉽게 쌓이는데, 이 수조는 그런 환경에서 공기를 정화하는 역할도 했다.

이 수조는 6년 이상 유지되었지만, 물고기들은 보통 6~18개월 이상 살지 못했다. 아마도 수조 내에 수생식물이 부족하여 산소 공급이 원활하지 않았기 때문일 것이다.

이제 일반인들이 워디언 케이스를 쉽게 구현하는 방법을 알려
주고자 한다.

우선, 워디언 케이스는 식물을 심기 위한 것이므로 배수와 방수
를 잘해야 한다. 상자 모양의 프레임을 먼저 세운 뒤, 상자의 내부
바닥은 아연판과 같은 방수판을 깔고 프레임에도 방수를 위해 방
수제를 덧대는 작업이 필요하다. 그림 5-1

바닥에는 3~4개의 배구수를 뚫는다. 유리창은 유리와 프레임
이 일체형인 것을 구입하여 끼우는 것이 좋다. 이것이 어렵다면 가
장 좋은 방법은 창문의 내부나 외부 창턱 공간을 워디언 케이스의
방식으로 개조하는 것이다. 그림 5-2·5-5

이 공간을 채울 식물은 런던 주변의 숲에서 쉽게 구할 수 있다.
특히 담쟁이덩굴Ivy은 주인의 취향에 맞게 상자 곳곳으로 뻗도록 유
도할 수 있는 매우 아름다운 식물이다. 앵초는 이른 봄에 채집하면
한두 달 간은 꾸준히 꽃을 피우며 자연에서만큼이나 아름답게 자
란다. 애기괭이밥Oxalis acetosella은 워디언 케이스에서도 쉽게 꽃을 피
우며 잘 자라는 식물이다.

자연사학자인 패트릭 닐Patrick Neill 박사는 에든버러의 캐논밀스
Canonmills에서 애기괭이밥을 꽃 피우는 데 실패했다고 하는데, 나의

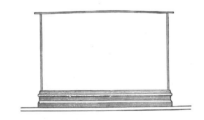

그림 5-1. 홈메이드 워디언 케이스

워디언 케이스는 집에서 직접 제작하는 경우도 많다. 목재 프레임의 경우에는 프레임 안쪽에
아연판이나 구리판을 덧대어 방수를 추가적으로 해야 한다.

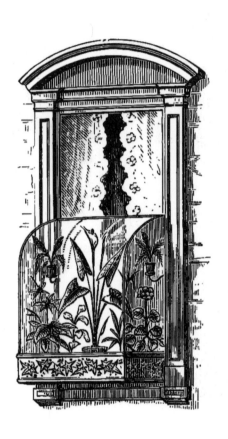

그림 5-2. 워디언 케이스 형태의 윈도우 박스

워디언 케이스의 방식을 활용하여 바깥 창턱이나 창 안쪽 공간을 이용한 윈도우 박스(window box). 바닥부는 장식을 넣은 목재 프레임으로 마감했다.

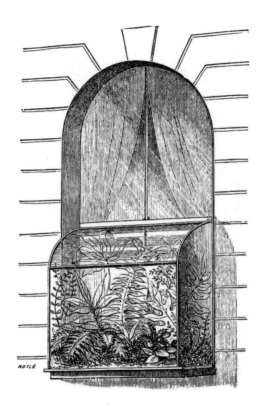

그림 5-3. 금속 프레임의 윈도우 박스

다양한 형태의 윈도우 박스는 워디언 케이스가 실내 식물 키우는 데 큰 영향을 미쳤다. 바닥부를 심플한 금속 재료를 사용하기도 했다.

그림 5-4. 아쿠아리움형 알버트 윈도우 박스

워디언 케이스에서 발전된 형태의 아쿠아리움형 윈도우 박스. 높은 습도를 요구하는 고사리를 중심으로 심었다.

그림 5-5. 아쿠아리움형 윈도우 박스

바깥으로 돌출된 3면창 구조를 이용하여 아쿠아리움 윈도우 박스를 설치할 수 있다. 창문가의 빛을 이용하여 식물을 키우는 동시에 식물에게서 나오는 산소를 물고기가 공급받는다.

워디언 케이스에서는 이 식물이 꽃을 활짝 피웠다. 이 밖에도 숲에서 자라는 아네모네Wood Anemone, 리키마시아Lysimachia, 베로니카Veronica, 별꽃Stitchwort 등 다양한 봄꽃을 넣어 키울 수 있다.

워디언 케이스에 이끼류와 고사리를 추가하면 환경은 더욱 좋아진다. 다만 고사리 중에서도 잎이 오래 지속되는 종을 선택하는 것이 중요하다. 그중에서 내로우버클러 펀Narrow buckler-fern, Lastrea multiflora · Dryopteris carthusiana과 같은 종이 좋다.

또한, 은방울꽃Lily of the Valley, 둥굴레, 머스크 플랜트Musk Plant, 머틀Myrtle과 같은 일반적인 정원 식물도 특별한 관리 없이 쉽게 키울 수 있다. 이뿐만 아니라, 케이스의 빈 공간에는 샐러드용 채소나무 등과 같은 식물도 재배할 수 있다. 이러한 식물들은 햇빛이 적게 드는 환경에서도 잘 적응한다. 잘 관리하면 1년 안에 충분한 양을 수확할 수도 있다.

만약 햇빛이 충분히 드는 환경이라면 꽃을 다양하게 키우는 것도 좋다. 구근식물인 크로커스, 아이리스, 히아신스, 나르시수스, 튤립과 같은 봄꽃은 물론, 장미, 시계꽃, 네모필라Nemophila, 서양메꽃Convolvulus, 길리아Gilia, 루피너스Lupinus 같은 한해살이 식물도 훌륭한 선택지다.

사실 식물은 햇빛과 온도뿐 아니라, 물을 어떻게 얼마나 주는지에 따라 같은 환경에서도 다양하게 키울 수 있다. 예를 들어, 두 개의 케이스에 하나는 고사리와 습지식물을 키우고, 다른 하나는 알로에와 선인장 같은 다육식물을 키우는 것이다.

우아한 장식품
워디언 케이스

워디언 케이스는 단순한 식물을 키우는 도구를 넘어, 실내 환경을 더욱 우아하게 꾸며주는 장식품으로서도 훌륭한 역할을 한다. 런던의 어떤 창문이든 잘만 활용한다면, 워디언 케이스로 사시사철 무성한 녹음을 유지할 수 있다. 이를 통해 런던뿐만 아니라 모든 도시가 거대한 정원으로 탈바꿈할 수 있을 것이다. 그림 5-6-5-11

워디언 케이스는 풍부한 빛이 실내로 들어오면서 지속적으로 공기를 정화하는 역할도 한다. 이것은 신체와 정신에 활력을 불어넣는다. 시골로 나갈 기회가 없는 사람들에게는 더욱 귀중한 존재가 될 것이다.

또한, 역사적인 공간이나 문화유산을 감각적으로 재현할 수 있다. 예를 들어, 미니어처로 복원한 고대 성이나 탑, 성문 모형을 내부에 세우고 그 위를 식물로 자연스럽게 어우러지도록 배치하면,

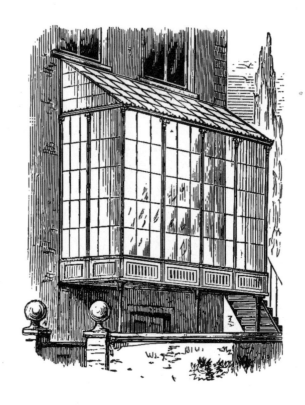

그림 5-6. 발코니 확장형 온실

워디언 케이스형 윈도우 박스에서 좀더 발전된 형태인 발코니 확장형 온실은 더 많은 식물을
키우고 관리하기 위한 이들에게 또 다른 대안이다.

그림 5-7. 벽난로 워디언 케이스
여름에 쓰지 않는 벽난로를 활용하여, 식물을 장식하는 것도 좋은 인테리어 효과를 낼 수 있다.

그림 5-8. 우아한 장식 워디언 케이스

워디언 케이스는 단순한 식물을 키우는 도구를 넘어, 실내 환경을 더욱 우아하게 꾸며주는 장식적인 효과도 뛰어나다.

그림 5-9. 뛰어난 공기정화 능력

워디언 케이스의 원리는 풍부한 빛이 실내로 들어오게 하여 지속적으로 공기를 정화하는 역할을 한다.

그림 5-10. 겨울철 아치형 화단

겨울철 창가와 발코니는 몇 가지 내한성 식물들을 배치하여 손쉽게 매력적인 공간으로 만들고
내부에는 워디언 케이스로 꾸며 사시사철 녹음을 즐길 수 있다.

그림 5-11. 거대한 정원

워디언 케이스는 실내와 실외를 녹색으로 꾸밈으로써 도시가 하나의 거대한 정원으로 탈바꿈
할 수 있는 동기를 마련한다.

그림 5-12. 미니어처 워디언 케이스

워디언 케이스의 프레임을 하나의 건축물로 꾸민다거나 내부에 고대유적이나 성, 탑 등과 같
은 장식물 위에 식물이 자연스럽게 배치하면, 작은 유리 상자 안에서 시간이 스며든 듯한 한
폭의 풍경을 만들어낼 수 있다.

워디언 케이스 안에서 오랜 시간이 스민 듯한 한 폭의 생생한 풍경을 만들어낼 수 있다. 이렇게 꾸며진 실내 공간만큼 생기 넘치는 공간이 또 있을까?그림 5-12~5-14

희귀식물의
맹목적인 집착

무리하게 값비싼 희귀식물에 집착하지 않기를 바란다. 희귀식물은 한 해는 금메달을 받을 만큼 주목 받지만, 그다음 해에는 쉽게 버려지는 경우가 많다. 나는 인간의 모든 활동은 어떻게 세상을 더 좋게 만들 수 있는지, 사람들에게 어떻게 실질적인 도움을 줄 수 있는지를 기준으로 평가되어야 한다고 생각한다.

식물 키우기의 본래 목적과 비교해볼 때, 우리가 값비싼 희귀식물을 쫓는 허무한 행위를 어떻게 바라보아야 할까? 희귀식물을 선호하는 사람들의 기준은 신에 대한 사랑이나 인류를 위한 선한 의도에 있지 않고, '이 식물이 얼마나 새로우며, 얼마나 일반인이 쉽게 얻을 수 없는가'가 유일한 가치 기준이다. 한 희귀식물 애호가는 그의 책에서 이렇게 말했다.

"완벽한 팬지를 만들려면 오랜 세월의 기다림이 필요하다!"

그림 5-13. 구리 받침 워디언 케이스

바닥에 아연이나 구리 재질로 받침을 만들어 넘치는 물을 모으거나, 물받침에 뜨거운 물을 채워 밤 사이 케이스 내의 떨어진 온도를 유지해준다.

그러나 그 팬지가 만들어졌다고 해서, 그것이 세상에 어떤 의미가 있는지는 아직 알 수 없다. 아마도 그 답은 그의 다음 책에서 나오지 않을까.

식물 키우기의
본질

식물은 인간이 연구하고 가꾸는 만큼, 그 만큼의 숨겨진 유용성을 드러낸다. 다만, 인간이 자연의 법칙을 존중하고 이것을 올바르게 활용할 때 비로소 가장 이로운 결과를 얻을 수 있다.

예를 들어, 식물의 수분 함량을 늘리고 싶다면 물을 충분히 공급해야 한다거나, 식용식물의 맛과 향을 더욱 진하게 하려면 물을 적게 주고 빛을 더 많이 보여주어야 한다. 또한, 식물의 향이 너무 강하다면 햇빛을 차단해야 한다.

야생 당근이나 파스닙, 야생 사과, 샐러리, 치커리를 처음 본 사람이라면, 이 식물들이 지금 우리의 식탁에서 중요한 식재료가 될 것이라고 상상조차 못했을 것이다. 이처럼 오늘날 우리가 먹는 것의 모든 채소와 과일은 세심한 연구와 원예 기술의 산물이다.

화훼도 마찬가지다. 겹장미와 같이 품종 개량을 통해 더욱 풍성

그림 5-14. 앨버트 고사리 케이스

실내용 워디언 케이스는 다양한 디자인으로 제작되었다. 일부는 매우 가볍고 우아한 형태를 갖
추었으며, 섬세한 에나멜 장식과 금박으로 아름답게 마감하기도 했다.

해진 꽃을 보고도 감탄하지 않는 사람이라면, 그는 너무 까다로운 취향을 가진 것일지도 모른다.

자연과
인간의 고리

우리는 신이 창조한 자연을 바라볼 때, 가장 숭고한 감정을 느낀다. 성경에서도 "들의 백합화가 어떻게 자라는가 생각하여 보라" 마태복음 6:28고 가르치듯, 자연사 중에서도 식물계를 연구하는 것만큼 인간의 마음을 신과 창조의 경이로움으로 이끄는 학문은 없다.

§

식물은 경이로울 정도로 다양한 형태를 가지고 있으며, 각자의 기능에 맞게 정교하게 설계되어 있다. 자연이 만들어낸 수많은 식물은 아름답고 우아할 뿐만 아니라, 특이한 특징을 가진 종도 많다. 하지만 무엇보다 중요한 것은, 이들이 인간의 삶 전반에 걸쳐 엄청난 유용성을 제공한다는 점이다.

식물은 지위고하를 떠나 모든 이의 관심을 불러일으킨다. 그러므로 신의 권능과 지혜, 그리고 선하심을 식물계를 통해 증명하는 것은, 복잡한 철학적 논증보다 훨씬 더 직관적으로 이해되고 마음에 깊이 새겨진다. 이는 인간의 마음을 더욱 진실한 경외심으로 채워, 창조주이자 생명의 근원인 신에게로 향하게 만든다.

멍고 파크Mungo Park는 유럽인 최초로 니제르강을 탐사한 스코틀랜드의 탐험가다. 그의 기록에서 우리는 자연과 인간이 본능적으로 연결되어 있다는 것을 깨닫게 된다.

§

어느 방향으로 눈을 돌려도 오직 위험과 절망뿐이었다. 나는 장마철의 한복판, 그것도 광활한 황야에 홀로 남겨져 있었다. 옷 한 벌 걸치지 못한 채, 맹수와 그보다 더 잔인한 인간들에게 둘러싸여 있었고, 가장 가까운 유럽인 정착지까지는 무려 800킬로미터나 떨어져 있었다. 절망이 엄습했다. 더 이상 희망은 없다고 생각했다. 이제 나에게 남은 선택지는 그 자리에 쓰러져 죽음을 맞는 것뿐이었다.

하지만 바로 그 순간, 신앙이 나를 붙잡아주었다. 나는 깨달았다. 인간의 지혜나 계획이 아무리 정교하다 한들, 지금 이 고통을 피할 방법은 없었을 것이다. 나는 낯선 땅의 이방인이었지만, 여

워디언 케이스

전히 나를 지켜보는 분이 있었다. 바로 '이방인의 친구' 신이었다. 그리고 바로 그때, 내 시선을 사로잡은 것이 하나 있었다. 뜻밖에도 작은 이끼 한 송이였다.[†]

나는 이 경험을 꼭 이야기하고 싶다. 인간의 마음은 때로 가장 사소한 것에서도 깊은 위안을 얻는다. 손톱만 한 작은 이끼였지만, 나는 이끼의 정교한 뿌리와 잎, 그리고 포자낭을 경이롭게 바라보았다. 그리고 스스에게 물었다.

'만약 신이 이처럼 작은 생명조차 세심하게 가꾸며 완전한 모습으로 자랄 수 있게 돌보았다면, 신이 자신의 형상으로 창조한 인간의 고통을 외면하실 리 없을 거야.'

그 깨달음은 나를 절망에서 끌어올렸다. 나는 곧장 일어나 굶주림과 피로를 잊은 채 앞으로 나아갔다. 그리고 마침내 구원을 받았다.

_멍고 파크, 《아프리카 여행기(Travels in the Interior Districts of Africa)》 중에서

[†]   윌리엄 J. 후커는, 멍고 파크가 사막에서 발견한 이끼는 피시덴 브리오이데스(Fissidens bryoides)로, 처남 딕슨이 보관한 원본 표본을 통해 확인했다고 말했다.

§

새로운 연구 분야를 개척한 뒤에는

그 영역이 얼마나 비옥하고

풍요로운지를 입증하기 위해

굳이 수많은 사례를 나열할 필요는 없다.

한두 가지 사례만으로도 충분하다.

_토머스 찰머스(Thomas Chalmers)

CHAPTER VI

워디언 케이스가
미래에 전한 말

워디언 케이스의
과학적 활용

워디언 케이스가 식물생리학과 병리학 연구에 유용하다는 것은 이미 널리 알려진 사실이다. 이 분야의 연구자들에게도 더 이상 설명이 필요하지 않을 정도다. 기존의 식물생리학 실험들은 대개 식물이 반드시 공기에 노출되어야 한다는 고정관념을 바탕으로 진행되었지만, 이러한 전제는 실험 조건을 제한한 탓에 연구 결과의 신뢰도를 떨어뜨리는 경우가 많았다.

이제 워디언 케이스를 활용하면 보다 정밀하고 일관된 연구가 가능해진다. 동일한 기후 조건을 안정적으로 유지할 수 있기 때문에 다양한 실험 환경에서도 유용하게 활용할 수 있다.

워디언 케이스 내부를 여러 개의 구획으로 나눈 뒤, 동일한 식물을 심되 각 구획마다 서로 다른 토양과 비료를 사용하면, 토양과 비료의 차이가 식물 생장에 미치는 영향을 정밀하게 비교할 수 있다. 또한, 식물의 뿌리가 다양한 물질을 어떻게 선택적으로 흡수하는지 실험적으로 분석하는 데 활용할 수 있을 것이다.

뿌리 배출물이 생태적으로 어떤 영향을 미치는지도 연구할 수 있다. 일부 식물은 뿌리를 통해 특정 화학물질을 배출하는데, 이러한 배출물이 실제로 주변 생태계에 유해한 영향을 미치는지 확인할 수 있다.

같은 환경의 자연 상태에서 오랫동안 자생한 식물의 경우 문제없이 생존하는 경우가 많아 이를 명확히 규명하기는 쉽지 않지만, 워디언 케이스에서는 보다 체계적으로 연구할 수 있다.[†]

특정 독성 물질이 식물의 생장과 생존에 어떤 영향을 미치는

[†]   드러먼드(Drummond)는 스완강 유역의 난초과 식물들이 수세기 동안 약 3.2㎠의 작은 흙 속에서도 계속해서 번성해왔다고 밝혔다.

지도 실험적으로 검증할 수 있으며, 식물이 저온 환경을 견디는 데 미치는 영향을 연구할 수 있다. 실제로, 동일한 식물이 충분한 빛을 받는 환경에서는 정상적으로 성장했지만, 워디언 케이스 내의 빛이 차단된 구역에서는 살아남지 못했다는 사실이 이를 뒷받침한다.

몇 년 전, 혹독한 겨울이 찾아와 영국의 침엽수 보존 정원 '드롭모어 소나무원Dropmore pinetum'에서 자라던 귀한 노퍽섬 소나무가 냉해를 입어 죽은 적이 있다. 만약 이 식물을 보호할 덮개를 설치하고 충분한 빛이 들어오도록 조치했다면, 생존할 가능성이 훨씬 높았을 것이다.

다음으로, 크기가 작거나 수명이 짧아 연구하기 어려웠던 다양한 식물과 미생물 군집에 대한 중요한 정보를 밝혀낼 수 있다. 워디언 케이스를 활용하면 이러한 미세한 개체들을 보다 안정적으로 보존할 수 있고, 필요할 경우 현미경으로 생애 주기의 모든 단계를 세밀하게 관찰할 수 있다.

우리는 여전히 셀 수 없이 많은 생명체들이 지닌 놀라운 특성을 다 알지 못한다. 그러나 자연 속의 작은 존재들조차도 우리에게 깊은 깨달음을 주며, 그 안에는 신의 섭리가 깃들어 있다. 그들은 우리에게 이렇게 말하는 듯하다.

§

비록 눈에 닿지 않고 스쳐 지나갈지라도,

우리는 신의 끝없는 선의와 신성한 힘을

조용히 노래한다네.

자연과학자들의 호기심을 불러일으킨 생명체가 하나 있다. 부모 식물에서 떨어져 나온 후 스스로 정착할 곳을 찾아 새로운 삶을 시작하는 작은 해조류의 포자들이다. 이 미세한 존재들은 창조의 질서 속에서 중요한 역할을 하고 있다.

어쩌면 들판을 누비는 거대한 짐승보다도 더 소중한 존재일지도 모른다. 신이 이 작은 생명체에게 스스로 움직이는 능력을 부여한 것은, 단 하나도 허투루 사라지지 않게 하기 위해서일 것이다. 이 생명체의 이름은 라미나리아*Laminaria*다.[†] 식물생리학자들은 이 생명체의 독특한 성장 방식을 오랫동안 주목해왔다.

라미나리아의 잎자루footstalk는 여러 해 동안 유지되지만, 잎이나 엽상체frond는 매해 새로 돋아나는 독특한 생장 주기를 가지고 있다.

[†]   이곳의 해안 여러 지역에서는 라미나리아의 떨어진 잎들이 대거 해안가로 밀려온다. 자연에서 자신의 역할을 다한 후, 그들은 비료로 활용되어 감자와 같은 농작물의 수확을 증대시키는 데 기여한다. 자연은 최고의 경영자이자 완벽한 순환의 설계자인 셈이다.

새 잎은 잎자루 끝과 기존 엽상체의 기저부 사이에서 자라나고, 시간이 흐르면 이전 잎은 자연스레 떨어져 나간다.

떨어지지 않고 남아 있는 라미나리아의 잎자루는 미세한 해조류들이 정착하고 살 수 있는 또 하나의 터전이 된다. 그 위로 다양한 색채의 바닷속 숲이 펼쳐지는 것이다. 이 신비로운 수중 정원으로 수많은 작은 갑각류와 해양 생물이 깃든다. 마치 나뭇가지 사이를 뛰어노는 다람쥐처럼 잎사귀와 줄기 사이를 유영하며 생명의 활기를 불어넣는 것이다. 이러한 해조류의 역할은, 북방의 숲속 나무껍질 위에 자리 잡은 이끼와 지의류가 생태계를 이루는 것과 다르지 않다.

§

신은 가장 작은 것들 속에서 가장 위대한 존재를 드러낸다.

광활한 하늘과 무수한 별들보다 오히려 나에게 더 가까이 다가온다.

워디언 케이스는 균류의 성장 과정을 관찰하는 데도 매우 유용하다. 나는 말뚝버섯*Phallus impudicus · Phallus foetidus*이 단 몇 시간 만에 10~12센티미터까지 성장한다는 놀라운 사실을 알고는 직접 실험

해본 적이 있다.

우선 성숙하기 전 단계의 말뚝버섯 표본 몇 개를 구해와 작은 워디언 케이스에 넣어두었다. 그런데 내가 잠시 집을 비운 사이에 대부분 성장해버린 것이다. 나는 마지막 남은 표본 하나를 놓치지 않기 위해 밤새 버섯이 자라는 모습을 지켜보았다.

그날 저녁, 포자를 감싸고 있는 대주머니에 작은 틈이 생기면서 버섯이 자라기 시작했다. 새벽 무렵에는 버섯의 갓이 젤리 같은 막을 헤치고 모습을 드러냈다. 단 25분 만에 7.5센티미터가 자라더니, 한 시간 반 만에 10센티미터까지 도달하면서 완전히 성장해버렸다. 그러나 이 버섯의 생애는 고작 4일뿐이었다. 이 버섯은 놀라운 성장 속도를 보였지만, 같은 과에 속한 다른 균류는 이보다 더 짧은 생애을 마감하기도 한다. 균류 연구에 조예가 깊은 아든Arden 부인은, 일부 종의 생애가 너무 짧아 그녀가 버섯의 스케치를 완성할 시간조차 허락하지 않는다고 말했다.

균류의 세포 성장 속도에 대한 연구는 경이로울 정도다. 하지만 실제로는 새로운 세포가 빠르게 생성되는 것이 아니라, 균류 내부 조직이 급격히 팽창하면서 크기가 커지는 현상일 뿐이다.

마지막으로, 워디언 케이스는 균류의 성장뿐만 아니라, 이들 군집이 속한 종과 속의 분류학적 혼란을 해소하는 데 활용될 수 있다.

스웨덴의 균류학자 엘리아스 매그너스 프리스Elias Magnus Fries의 연구에 따르면, 텔레포라 술푸레아*Thelephora sulphurea*라는 단일 종이 서로 다른 생장 조건과 퇴화 과정을 거치면서 무려 8개의 속으로 나뉘었다. 워디언 케이스를 활용하면 이러한 분류상의 문제를 보다 체계적으로 정리하고, 균류의 생장 조건과 유전적 특성을 보다 명확히 파악할 수 있을 것이다.

워디언 케이스의
깨끗한 공기, 치료 효과

워디언 케이스로 연구할 수 있는 분야는 식물에 국한되지 않는다. 워디언 케이스는 동식물의 경계를 넘나드는 작은 생명체들을 연구하는 데도 유용하다. 우리는 여전히 과학 기술의 한계로 일부 생명체는 어디까지 식물이고, 어디까지 동물인지 명확히 분류하지 못하는 실정이다. 워디언 케이스는 이러한 모호한 영역을 탐구하는 데 좋은 도구가 될 수 있다. 또한 동물과 인간에게도 적용될 수 있다. 사실 이러한 생각이 새로운 것은 아니다. 나는 1836년 5월, 후커 J. 박사에게 편지를 보냈다.

워디언 케이스가 식물의 도입에 유용한 것처럼 지금까지 살아 있는 채로 이 땅에 들여온 적 없는 미세한 생물체를 운송하는 데도 크게 도움이 될 것입니다.

1838년 4월, 패러데이 교수가 왕립학회에서 워디언케이스에 관한 강의를 했을 때,_{p. 224 참고} 그리고 같은 해 열린 영국과학협회_{British Association} 리버풀총회에서도 나는 식물에게 효과적인 이 방식이 동물과 인간에게도 적용될 수 있을 것이라고 발표했다. 1842년에 나는 이 책의 초판에서 이렇게 썼다.

처음에는 터무니없는 생각처럼 보일 수도 있겠지만, 조금만 더 깊이 생각해보면 전혀 비현실적인 이야기가 아니라는 것을 알게 될 것이다.

나는 오랜 연구 끝에, 런던과 같은 대도시에서도 공기 정화가 제대로 이루어진다면, 가장 섬세한 잎을 가진 식물조차 완벽히 생존할 수 있다는 사실을 확인했다. 실제로 킬라니 고사리는 대기질의 순도를 측정하는 바로미터이기도 한데, 이 식물조차 런던에서 생존할 수 있다.

이러한 공기는 식물의 건강과 생존에 필수 요소지만, 우리가 사는 도시에서도 충분히 조성할 수 있는 환경이다. 우리는 실내의 공기를 따뜻하게 하거나 습도를 조절함으로써, 지구상의 어떤 기후라도 정밀하게 재현할 수 있다.

깨끗하고 쾌적한 공기는 인간의 건강을 회복하는 가장 강력한 치료법 중 하나다. 현대 의학이 아무리 발전해도, 결국 건강을 결정 짓는 것은 공기의 질이다. 수많은 질병이 의학적인 치료로도 호전을 보이지 않을 때, 맑은 공기가 있는 환경에서 기적처럼 회복되는 사례도 적지 않다. 물론, 동물들이 배출하는 탄소를 효과적으로 제거하는 것은 극복해야 할 가장 큰 과제다.

그러나 현재의 과학 수준을 고려하면, 적절한 환기 시스템을 갖추거나 실내 공기를 정화하는 식물을 배치하는 것으로 쉽게 해결할 수 있다. 즉, 동물과 식물 간의 호흡을 서로 균형 있게 조절하는 것이다. 나아가, 이러한 연구는 동물의 크기와 서식 공간 내의 공기량을 계산하여 최적의 공기 조절 방안을 찾는 문제로 확장될 수 있다. 이를 실험하기에 가장 적합한 장소는 동물원과 같은 연구 시설일 것이다.

나는 직접 실험을 해본 적도 있다. 약 3미터 크기의 나의 온실에 가장 예민한 고사리도 자랄 수 있을 만큼의 환경을 만들어놓았는데, 이곳에서 울새 한 마리가 몇 달 동안 살았다. 그러나 결국 문이 우연히 열리는 바람에 탈출하게 되었다.

특히 홍역과 폐결핵 같은 질병은 맑은 공기 속에서 극적인 효과를 보일 수 있다. 도시의 인구 밀집 지역에서는 홍역으로 인한 사망률이 높지만, 실제로는 병을 앓은 후 적절히 회복하지 못해서 합병증으로 사망하는 경우가 더 많다.

만약 병든 아이들을 위한 격리 치료 공간이 마련된다면, 이로 인한 피해도 상당 부분 줄일 수 있을 것이다. 나는 대도시의 위생 문제를 조사하는 위원회에서 이러한 필요성에 대해 강조한 바 있다. 그리고 오랜 연구 끝에 확신하게 되었다. 워디언 케이스의 원리를 이용한 치료 공간closed house이 도입되면, 홍역으로 인한 피해는 마치 천연두가 백신으로 통제된 것처럼 획기적으로 감소할 수 있다. 또한 이 방식이 결핵 치료에도 효과를 본다면, 우리는 더 이상 사랑하는 가족을 먼 타국으로 떠나보내야 하는 고통을 겪지 않아도 된다. 그러지 않으면, 우리는 다음 글에서처럼 비극적인 현실을 또다시 반복하게 될지도 모른다.

§

그는 고향에서 멀리 떨어진 낯선 땅에서 이해할 수 없는 언어와 낯선 이들 속에 갇혀 있었다. 신뢰할 수 없는 의사들 사이에서 방황하며, 점점 쇠약해진 몸으로 아름다운 풍경조차 눈에 들어오지 않았다. 위로가 되지 않는 설교를 들었고 그리운 집을 떠올리며 병든 몸을 이끌었다. 그러나 곁을 지켜줄 이도, 보살펴줄 이도 없었다. 그는 결국 외롭고 쓸쓸히 생을 마감했다.

—《블랙우드 매거진(Blackwood's Magazine)》중에서

이런 비극은 막아야 한다. 그 해답은 깨끗한 공기 속에서, 인간이 자연과 조화를 이루며 살 있는 환경을 만드는 데 있다.p. 214 참고

충분한 빛과
생명

우리가 주목해야 하는 부분이 또 있다. 모든 사람이 충분한 빛을 받을 수 있는 환경에서 살아야 한다는 것이다. "빛은 실로 아름다운 것이라, 해를 보는 것이 즐거운 일이로다." _〈전도서〉 11:7 이탈리아에는 "햇빛은 들이고, 의사는 내쫓아라"라는 오래된 속담이 있다. 이는 결코 가볍게 넘길

말이 아니다. 앞서 빛이 식물의 성장에 미치는 영향을 언급했듯이, 빛은 인간과 동물에게도 무시할 수 없는 영향을 미친다.

프랑스 동물학자 알퐁스 밀느-에드워즈Alphonse Milne-Edwards는 흥미로운 실험 하나를 진행했다. 좋은 먹이와 신선한 물을 지속적으로 공급받은 올챙이일지라도, 빛이 완전히 차단된 환경에서는 개구리로 성장하지 못하고 거대한 올챙이 상태로만 남아 있었다는 것이다. 또한, 프랑스 생리학자 윌리엄 에드워즈William F. Edwards는 다음과 같이 기록했다.

§

어두운 동굴이나 지하실, 혹은 빛이 거의 들지 않는 좁은 거리에서 생활하는 사람들은 장애아를 낳을 확률이 더 높다. 또한, 광부들은 단순한 공기 부족만으로는 설명할 수 없는 질병과 기형에 더욱 취약하다.

런던 청각장애인학교의 조셉 왓슨Joseph Watson 씨는 나에게, 어두운 집에서 태어난 아이들이 밝은 집에서 태어난 아이들보다 상대적으로 청각장애를 가지고 태어날 확률이 더 높다고 말했다.

또한, 상트페테르부르크의 한 대규모 군대 막사에서 오랜 기간

그림 6-1. 빛이 드는 발코니 정원
"햇빛은 들이고, 의사는 내쫓아라"라는 이탈리아 속담처럼 빛은 식물뿐만 아니라 인간과 동물에게도 결코 무시할 수 없는 영향을 미친다.

기록된 통계에 따르면, 햇빛이 들지 않는 어두운 구역에서 발생한 질병 사례가, 햇빛이 풍부한 구역보다 무려 3배나 많았다. 이 사실은 의사 제임스 윌리James Wylie가 보고한 바 있다.

한편, 훔볼트는 남미의 여러 부족을 연구하며 "태양 아래에서 생활하는 부족들에게서는 선천적인 장애가 전혀 발견되지 않았다"고 기록했다. 또한, 린네는 그의 저서 《라플란드 여행기Lachesis Lapponica》에서, 위도가 높은 지역을 여행하는 동안 지속적인 햇빛 노출이 건강과 활력을 증진하는 중요한 요인이라고 설명했다. 즉, 햇빛을 충분히 받을수록 신체적 불균형이나 장애가 줄어든다는 것이다.

쾌적한 공기,
위안을 주는 공간

워디언 케이스의 원리를 이용하면 신체적 · 정신적으로 고통받는 이들에게 위안의 공간을 만들 수도 있다. 나는 병상에 누워 있거나, 중풍과 같은 질병 탓에 바깥 생활이 어려운 사람들을 오랫동안 지켜봐왔다. 이런 사람들이 워디언 케이스 원리를 실내에 활용하고 싶다고 요청해오기도 했다. 그들은 외부 공기가 차단된 환경

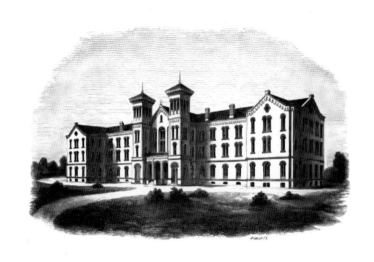

그림 6-2. 런던 세인트루크병원

병원 복도 벽을 따라 수십 개의 워디언 케이스를 설치하고, 그 안에 아름다운 자연 풍경을 작은 정원처럼 조성한다면 마치 생명이 살아 숨 쉬는 정원 속을 거니는 듯한 산책로를 갖게 될 것이다.

에서 오히려 의미 있는 시간을 보낼 수 있었다. 또한, 자연과 조화를 이루는 안정된 환경은 정신 질환으로 고통을 겪는 이들에게도 심리적 안정과 치유의 효과를 줄 수 있다.

이를 실현하는 것은 그리 어렵지 않다. 런던의 세인트루크병원 St. Luke's Hospital에 있는 길고 삭막한 복도를 떠올려보자. 그곳은 정신이 온전한 사람조차도 우울해질 만큼 어둡다.그림 6-2 하지만 만약 복도 벽을 따라 수십 개의 워디언 케이스를 설치하고, 그 안에 고대 유적이나 아름다운 자연 풍경을 작은 정원처럼 조성한다면 어떨까? 그렇게 되면, 환자들은 차갑고 단조로운 병동 대신, 마치 생명이 살아 숨 쉬는 정원 속을 거니는 듯한 산책로를 갖게 될 것이다.

나는 이 작은 연구가 갖고 있는 수많은 한계를 누구보다도 잘 안다. 실용 학문인 의학계에서 끊임없이 노력해야 하는 나로서는, 과학 연구에 온전히 집중할 시간이 턱없이 부족하다. 하지만 나는 이 연구가 더 깊은 통찰을 가진 이들에게 영감을 줄 씨앗이 되기를 바란다.

미래의 언젠가는 대학과 공립학교에서 자연사가, 그리스 시인 핀다로스Pindar의 한 편의 시나 유클리드Euclid의 기하학만큼이나 중요한 학문으로 인정받게 될 날이 올 것이다. 자연 불변의 법칙을 이해하는 것은 단순히 동식물의 연구를 넘어, 생명이 어떻게 존재하고 조화를 이루는지를 배우는 과정이기 때문이다.

그 혜택은 모든 사회 계층에 고루 퍼질 것이다. 의학자는 더 이상 최면술이나 동종요법 같은 허황된 이론, 또는 불완전한 법률에 발목 잡히지 않고 인간의 건강을 개선하는 데 집중할 수 있을 것이다. 또한 성직자는 자연을 통해 신의 섭리가 온 세상에 깃들어 있음을 직접 증명하며, 신의 말씀을 더욱 깊이 있게 전달할 수 있을 것이다.

광대한 창조의 세계 어디에서든, 보편적 사랑이 존재하지 않는 곳은 없다. 그러나 현실은 어떤가? 학생들에게 자연의 법칙을 가르치기는커녕, "자연의 흔적은 사라지고 공허한 세계만이 남아, 단 하나의 지혜의 문마저 완전히 닫혀 있는" 실정이 아닌가.

§

답답한 도시 한가운데 작은 정원 하나조차 가꾸기 어려워도, 그에게 정원
은 조용한 위안이다. 박하 몇 줄기와 까마중, 발레리안이 그가 아끼는 우
물가를 감싸며 속삭이듯 부드럽게 흔들린다.

"자연은 여전히 살아 있어. 초록은 여전히 가장 사랑받는 색이지."

자연의 색은 옅어지고 도시 한편에 그림자로 남을지라도, 창가를 타고 오
르는 허브와 오렌지나무, 도금양, 그리고 은은한 향을 머금은 담배풀 한
줄기는 여전히 속삭인다.

들판을 거닐며 맑은 바람을 마실 수 없지만 ─ 비록 허름한 화분일지라도
창가의 푸른 잎을 키우며 그리운 자연을 마음에 품는다.

깨진 항아리와 주둥이 닳은 찻주전자 곁에 낡은 상자를 창가에 걸고 작은
정원을 가꾸며 빼곡한 잎마다 정성스레 물을 준다.

도시 속에 갇힌 사람들은 자연을 온전히 품을 수 없어도 간절한 눈빛으로
창밖 너머 초록을 꿈꾼다.

─ 윌리엄 카우퍼

CHAPTER VII

워디언 케이스와
편지들

원리의 발견을
알리다

*   이 편지는 워디언 케이스 발명의 출발점을 알리는 기록이
다. 1829년, 너새니얼 워드는 닫아놓은 유리병 속에서 식물이
장기간 생존할 수 있다는 것을 발견한 후, 4년 뒤에 이를 실험
을 통해 입증한 내용을 스코틀랜드 식물학자 데이비드 돈David
Don에게 보냈다. 이 편지는 런던린네학회에서 낭독되었다.

§

친애하는 돈 경,

오랫동안 식물 애호가들에게 고사리를 해외로 운반하는 일은 커다란 난제였습니다. 4년 전, 저는 이 문제를 해결하기 위해 몇 가지 실험을 진행했습니다. 그 계기는 뜻밖의 발견에서 비롯되었지요.

유리병에서 자라는 고사리를 발견한 것이 시작이었습니다. 스핑크스나방의 번데기를 묻어둔 유리병 속에서, 한 번도 물 준 적이 없는 습한 흙 위에 숫고사리의 어린 개체와 새포아풀이 자라고 있었습니다. 덮개로 덮어놓은 환경에서도 식물이 자랄 수 있다는 사실은 무척 흥미로웠습니다. 그래서 병 입구를 느슨하게 덮개로 막은 후에 창가의 북향 자리에 두었지요.

그 덮개 덕분에 내부 공기는 적절히 순환되면서도 수분은 증발하지 않았습니다. 그후 식물들은 3년 넘게 살았습니다. 그동안 물 한 방울 주지 않았고, 덮개도 물론 제거하지 않았지요. 새포아풀은 이듬해 꽃을 피웠지만 종자는 맺지 못했고, 숫고사리는 매년 5~6개의 새 잎을 내었지만 포자를 만들지는 않았습니다.

하지만 안타깝게도 시간이 흐르면서 덮개에 녹이 슬어 빗물이 병 안으로 스며들면서, 결국 식물들은 부패하여 죽고 말았

　　　　　　　　　　　　　　워디언 케이스

습니다.

지난 1년 동안 저는 이 방법으로 30종 이상의 고사리에 적용했는데, 결과는 모두 성공이었습니다. 또한, 습한 환경에서 자라는 다른 여러 식물들도 이 방법으로 잘 자라고 있습니다. 3주 전에는 새둥지란*Listera Nidus-avis·Neottia nidus-avis*의 뿌리를 옮겨 심었는데, 워디언 케이스에서 키운 개체들은 빠르게 성장한 반면, 개방된 환경에서 키운 개체들은 모두 시들어버렸습니다.

저는 오늘 이 실험 결과를 직접 확인하실 수 있게 두 개의 고사리 상자를 린네학회에 제출합니다. 또한, 과학 발전을 위해 헌신해온 저의 소중한 친구 말라드 선장이 실험적 항해의 일환으로 이 상자들을 뉴홀랜드로 운반하기로 하였습니다. 그가 귀환한 후, 이 방법이 장거리 운송에도 효과적인지 확인할 수 있기를 기대하고 있습니다.

1833년 6월 4일

웰클로즈 스퀘어에서

진심을 담아, N. B. 워드

이집트 운송이
성공하다

*   오스만 제국의 대재상 이브라힘 파샤의 정원사였던 트레일은 워디언 케이스를 통해 운송된 식물을 전달받았다. 그는 나일 증기선으로 운송된 식물들이 완벽한 상태로 도착했다고 보고했다. 이는 워디언 케이스가 장거리 식물 운송에 혁신적인 변화를 가져올 것을 예고한 중요한 사례다.

§

존경하는 워드 경,

지난 2일 자에 보내주신 편지 잘 받았습니다. 나일 증기선으로 운송된 식물들의 상태에 대해 답변 드립니다. 제가 파악한 바로, 이번에 보내신 식물 콜렉션은 총 173종으로, 6개의 워디언 케이스에 나누어 담겨 있었습니다. 하지만 그중에서 저는 알렉산드리아에서 워디언 케이스 2개만 전달받았고, 나머지는 바로 시리아로 보냈습니다.

특히, 운모판으로 보강된 워디언 케이스 3개는 제가 직접 확인하지 못하고 시리아로 출발했습니다. 제가 받은 상자들은 아주 상태가 좋습니다. 상자에서 식물들을 꺼냈을 때, 단 하나 손상된 것 없이 신선하고 생기가 넘쳤지요. 항해 동안 잎 하나 거의 떨어지지 않았을 정도로 완벽하게 보존되었습니다. 확실히 당신의 보관법은 효과가 있습니다. 더 많은 사람들이 이 방법을 알게 된다면 식물 운송에 혁신적인 변화를 가져올 것입니다.

1835년 4월 30일

카이로에서

경의를 담아, T. 트레일

로디지스도
인정하다

* 1835년부터 전 세계 여러 지역에 500개 이상의 식물 상자를 주고받으며 풍부한 운송 경험을 쌓은 '원예의 선구자' 조지 로디지스는, 워디언 케이스가 가장 효과적인 대안임을 확인했다. 그는 워디언 케이스를 활용한 식물 운송에서 성공 확률을 높이는 핵심 요인을 조언하며, 이 혁신적인 기술의 실용성을 강조했다.

§

존경하는 워드 경,

당신의 워디언 케이스로 식물 수입에 대해 문의하신 것에 회
신 드립니다.

저와 제 형제는 1835년부터 전 세계 여러 지역에서 500개 이
상의 상자를 실험하며 다양한 사례를 경험해왔지요. 하지만 분
명하게 말씀 드릴 수 있는 것은, 당신의 지침을 철저히 따른다면
워디언 케이스로 운송했을 때 언제나 좋은 결과를 얻었다는 것
입니다.

특히 중요한 것은, 항해 중 워디언 케이스를 갑판 위에 두어 빛
을 충분히 받게 하고, 유리가 깨지면 즉시 수리하는 것입니다. 이
원칙이 제대로 지켜졌을 때, 식물들은 훌륭한 상태로 목적지에
도착할 수 있었습니다.

그중에서 말라드 선장은 정말 세심하게 관리하는 사람이었습니
다. 우리가 보내거나 받은 워디언 케이스 중에서 말라드 선장이
운송한 상자는 항상 완벽한 상태로 도착했으니까요. 만약 더 많
은 선장들이 그처럼 식물에 애정을 가졌다면, 빛을 받지 못해 죽
어버린 식물들을 안타깝게 바라보는 일은 없었을 겁니다.

대부분은 선장들이 처음엔 상자를 갑판 위에 두겠다고 약속해

놓고, 우리가 떠나자마자 곧바로 갑판 아래에 내려놓은 뒤 도착할 때까지 방치하는 경우가 많았습니다. 이런 경우, 상자 속의 식물들은 대부분 살아남지 못했습니다.

실제로 상자를 개봉해보면 운송 중에 환경이 적절하게 유지되었는지 바로 확인할 수 있었습니다. 빛이 차단된 곳에 보관된 상자일수록 식물 상태는 심각했습니다. 이것은 식물을 운송하는 데 최악의 방법임에 틀림 없습니다. 반면, 8개월이 넘는 긴 항해에도 일부 상자들은 아주 좋은 상태로 도착했습니다.

결국 식물 운송의 성공 여부는, 상자의 습도를 적절히 유지하고, 항해 중 내내 충분한 빛을 받을 수 있도록 배치하는 두 가지 원칙만 지키면 됩니다. 그러면 식물들이 건강하게 목적지에 도착할 수 있습니다.

1842년 2월 18일
해크니에서
깊은 존경과 감사의 마음을 담아,
조지 로디지스

워디언 케이스

성공적으로
운송하려면

*　　난초 분류의 최고 권위자였던 존 린들리는 워디언 케이스
가 가장 효과적인 식물 운송 방식이라고 인정하며, 성공적인
운송을 위한 조건을 제시했다. 워디언 케이스는 식물 운송의
혁신적인 도구로 확고히 자리 잡았다.

§

존경하는 워드 경,

우리의 경험에 따르면, 당신의 워디언 케이스는 지금까지 만들어진 모든 운송 방식 중에서 가장 뛰어난 방법입니다. 인도에서 운송된 식물들조차도 이 상자 안에서는 항상 좋은 상태를 유지할 수 있었습니다.

다만, 이 방법이 효과적으로 작동하기 위해서는 반드시 두 가지 조건이 지켜져야 합니다. 첫째, 유리가 깨지지 않아야 하고, 둘째, 포장할 때 물을 과도하게 주지 않아야 합니다.

특히, 포장하는 작업자들이 실제로 식물들이 물이 거의 필요없다는 것을 모르고, 불필요하게 물을 많이 주는 경우가 종종 발생합니다. 워디언 케이스에서는 식물들이 수분을 거의 잃지 않기 때문에, 과도한 물 공급이 오히려 문제를 일으킬 수 있습니다. 반면, 유리가 단단히 고정되어 있고 튼튼한 철제 보호망으로 감싸 있다면, 운송 중 유리 파손 사고는 거의 발생하지 않을 것입니다.

1842년 1월 15일

원예학회에서

진심을 담아, 존 린들리

큐왕립식물의
필수 장비가 되다

*   워디언 케이스는 큐왕립식물원의 연구에 중요한 역할을
했다. 큐왕립식물원의 식물감독관 존 스미스는 너새니얼 워드
에게 워디언 케이스가 식물 운송의 필수 장비로 활용되고 있
다고 전했다.

§

존경하는 워드 경,

귀하께서 워디언 케이스의 식물 국제 운송이 실용적인지 문의하신 것에 답변 드립니다. 저희 정원에 이 방법으로 도착한 여러 개의 상자를 살펴본 결과, 모든 식물이 완벽하게 적응한 것은 아니지만, 기존 방식보다 폐사율이 훨씬 낮았습니다. 특히, 기존 운송 방식 격자형 덮개나 철망 덮개 위에 방수포 등을 씌운 상자과 비교하여, 워디언 케이스에서 살아남은 식물의 비율이 훨씬 높았습니다.

과거에 뉴홀랜드와 희망봉에서 식물을 채집하던 시기에 워디언 케이스와 같은 효과적인 방법으로 우리 정원에 가져왔다면 좋았을 텐데 하는 아쉬움이 있습니다. 당시 운송된 식물들은 충분히 보호되지 못해서, 대부분 영국에 도착하기도 전에 말라 죽거나 썩어버렸지요. 이러한 경험으로 비추어볼 때, 저는 귀하의 방법이 살아 있는 식물을 장거리 운송하는 데 가장 효과적인 방법이라 확신합니다.

1842년 1월 24일
큐왕립식물원에서
진심을 담아, J. 스미스

식물 연구의
주요 도구가 되다

*   워디언 케이스는 단순한 운송 도구를 넘어 식물 재배와 연구에도 중요한 역할을 했다. 글래스네빈 왕립식물원의 감독관이었던 데이비드 무어David Moore는, 워디언 케이스에서 식물들이 자생지보다 더 건강하게 성장하며 오랜 기간 물 없이도 생존할 수 있다고 전했다.

§

친애하는 워드 경,

제가 실험해본 모든 고사리 종은 워디언 케이스에서 매우 건강하게 자랐습니다. 특히, 외부 공기가 차단된 환경에서 얇은 잎을 가진 식물들이 더욱 아름답고 우아한 잎을 펴냈지요. 그중 킬라니 고사리는 이 방식으로 완벽하게 키웠고, 현재 번식기가 한창입니다. 서식지보다 훨씬 큰 잎을 내고 있지요. 히메노필룸 윌소니와 히메노필룸 툰브리젠스 역시 매우 잘 자랐습니다. 적절히 관리할 경우 서식지보다 더 크고 무성하게 성장하여 번식도 잘합니다. 봉작고사리*Adiantum capillus-veneris*도 이 방식으로 키울 때 가장 아름다운 모습을 보여줍니다. 이렇게 키우면 잎이 크고 풍성하게 자라 매우 매력적인 형태를 띠게 됩니다.

여름에는 가끔 쌀짝 분무해주고, 유리 덮개로 닫아 습도를 유지하는 게 중요합니다. 그럼 식물들에게 활력을 주면서도, 6~7개월 동안 별도로 물을 주지 않아도 되지요. 다양한 외국산 석송도 놀라울 정도로 잘 자랐습니다. 제가 키워본 유일한 영국산 석송 역시 매우 건강하게 성장했습니다. 공중에 매달아 키우면, 길고 가느다란 가지가 늘어져 우아한 모습을 연출합니다.

우산이끼들도 잘 자랍니다. 특히 말차니아 속*Marchantia*과 융거

만니아 속*Jungermannia*의 대형 식물들은 지난 3년 동안 외부 공기 노출을 최소화한 워디언 케이스에서도 무리 없이 자랐습니다. 또한, 하이그로필라 이리구아*Hygrophila irrigua*도 잘 자라, 초기 번식 단계에 접어들었습니다. 페가텔라 코니카*Fegatella conica*와 루눌라리아 불가리스*Lunularia vulgaris*도 강한 생장력을 보입니다.

융거만니아 속 식물도 이 환경에서 잘 자라고 있습니다. 에피필라*J. epiphylla, Linn.*, J. 푸르카타*J. furcata, Linn.*, J. 아스플레니오이데스*J. asplenioides, Linn.*, J. 에마르지나타*J. emarginata, Ehr.*, J. 네모로사*J. nemorosa, Linn.*, J. 테일로리*J. Taylori, Hook.*, J. 트릴로바튬*J. trilobatum, Linn.*, J. 레비가튬*J. lævigatum, Wils.*, J. 코클레아리포르미스*J. cochleariformis, Weis.*, J.p 토멘텔라*J. tomentella, Ehr.*, J. 허친시아이*J. Hutchinsiæ, Hook.* 등입니다. 당신의 방법으로 수많은 식물들이 놀라운 생장력을 보이며, 일반적인 환경에서는 볼 수 없는 아름다움을 드러내고 있습니다.

1842년 2월 1일

글래스네빈 왕립식물원에서

진심을 담아, D. 무어

공중보건으로
확장하다

*   영국 사회개혁가 에드윈 채드윅Edwin Chadwick은 너새니얼 워드에게 대기 오염과 노동 계층의 건강 문제를 다룬 보고서를 공유하며 해결 방안에 대한 조언을 구했다. 19세기 영국에서 공중보건은 중요한 사회적 이슈였고, 워드는 환경과 건강의 관계에 깊은 관심을 가졌다.

§

존경하는 워드 경,

오웬 교수와 대화에서 논의된 제안에 따라, 〈영국 노동 계급의 위생 상태에 관한 보고서〉 한 부를 동봉합니다. 오웬 교수는 선생님께서 기후가 동물에게 미치는 영향뿐 아니라, 선생님의 주요 연구 분야에서도 깊이 탐구하고 계신다고 말씀하셨습니다. 이 보고서가 선생님께 참고가 될 것 같아, 검토를 부탁드리는 바입니다.

이 보고서는 대기 오염이 건강에 미치는 영향을 조사한 것이며, 몇 가지 중요한 사례가 포함되었지만 아직 연구가 완전히 마무리된 것은 아닙니다. 따라서 노동 계층의 건강을 개선할 수 있는 실질적인 방법에 대해 선생님께서 아시는 정보가 있다면, 기꺼이 공유해주시면 감사하겠습니다. 선생님의 깊은 통찰과 연구가 이 중요한 문제 해결에 큰 도움이 될 것이라 확신합니다.

1842년 10월 11일

서머싯 하우스에서

존경을 담아, 에드윈 채드윅

창문세 폐지에
앞장서다

*   너새니얼 워드는 공중보건 개혁을 주도했던 의사 사우스우드 스미스Southwood Smith와 빛이 건강에 미치는 영향 및 창문세 폐지 문제를 적극적으로 논의했다. 이러한 교류를 통해 워디언 케이스의 원리가 공중보건 분야에도 적용되는 계기가 되었다.

§

친애하는 워드 경,

만약 최근 빛이 건강이나 질병에 미치는 영향에 대해 새롭게 관찰한 내용이 있다면 공유해주시겠습니까? 이는 지금 논의 중인 창문세 폐지 문제와 관련하여 중요한 자료가 될 수 있을 것입니다.

1851년 4월 1일
화이트홀 왕립보건위원회에서
항상 깊은 신뢰를 담아,
사우드우드 스미스

§

친애하는 스미스 박사님께,

빛의 유익한 효과를 보여주는 새로운 사례를 제시할 수 있다면 좋겠지만, 사실 더 이상의 증거가 필요할지는 모르겠습니다. 이미 공공에 알려진 사실들은 매일, 아니 매 순간 새롭게 입증되고 있습니다. 그렇기에 굳이 추가적인 증거는 없어도 될 듯합니다. "신은 헛되이 아무것도 창조하지 않으셨다"는 격언이 사실이라

면, 하늘의 빛을 재무장관의 뜻대로 베풀거나 제한할 수 있는 것
은 아닙니다.

만약 국가의 통치자들이 공기를 오염시키거나 우리가 먹는 음
식에 독을 타는 방식으로 세금을 걷는다면, 그것이 과연 정당한
일이겠습니까. 마찬가지로, 인간이 누려야 할 하늘의 가장 소중
한 선물인 빛을 마음대로 제한하는 것도 부당한 일입니다.

아마 먼 미래의 역사가가 '대영제국의 쇠퇴와 몰락사'를 기록한
다면, 영국 입법자들의 무지함이 국가 쇠퇴의 주요 원인 중 하나
로 꼽을 것입니다. 그들은 가장 중요한 사회 문제에 얼마나 무관
심하고 무지한지 모릅니다.

1851년 4월 3일

클래펌에서

진심을 담아, N. B. 워드

생존률이 획기적으로
개선되다

* 큐왕립식물원의 초대 원장이었던 윌리엄 J. 후커는 워디언 케이스 덕분에 100년 동안 도입된 것보다 더 많은 식물이 영국에 정착했으며, 생존율이 획기적으로 개선되었다고 전했다. 식물 보존과 연구에서 워디언 케이스는 중요한 도구로 자리 잡아가고 있었다.

§

친애하는 워드 경,

저에게 워디언 케이스에 대한 의견을 물으셨습니다만, 사실 이 상자는 이미 오랜 시간에 걸쳐 확고하게 그 가치가 입증되었습니다. 영국뿐 아니라 전 세계에 그 효과가 널리 알려져 있기 때문이지요.

솔직히, 지난 15년 간 워디언 케이스 덕분에 우리 정원에 새롭고 귀중한 식물들이 더 많이 도입되었어요. 그 이전 100년 동안 도입된 식물의 양을 훨씬 초과하는 수준입니다. 뿐만 아니라, 거실이나 복도, 응접실에서도 식물을 건강하게 키울 수 있는 실내 온실 개념이 정착되면서, 원예의 새로운 시대를 열었다고 해도 과언이 아닙니다. 저는 생전의 로디지스 씨가 저에게 한 말을 잊을 수 없습니다. "예전에는 운송 중에 들여온 식물 20개 중 19개를 잃었지만, 이제는 오히려 20개 중 19개가 살아남고 있습니다."

1851년 4월 4일
큐왕립식물원에서
진심을 담아, W. J. 후커

전 세계로 식물이
보급되다

*　　1847~1850년까지 3년 동안 큐왕립식물원에서는 워디언 케이스를 이용하여 전 세계로 2,722그루의 식물을 운송했다. 특히 영국령 식민지를 중심으로 다양한 기후에서 생존할 수 있는 식물이 보급되었다.

§

윌리엄 후커 박사는 1847년 1월부터 1850년 12월까지 주로 영국령 식민지로 워디언 케이스를 이용해 살아 있는 식물을 보낸 기록을 다음과 같이 보고했다.

어센션 섬:330그루대부분 강한 바닷바람과 거센 폭풍을 견딜 수 있는 나무 및 관목. 기대 이상의 성공을 거두었으며, 기존에는 없던 바람막이 역할을 함, 봄베이Bombay, 지금의 뭄바이:160그루, 보르네오Borneo:16그루, 캘커타Calcutta, 지금의 콜카타:211그루, 희망봉:60그루, 카보베르데Cape de Verdes:20그루, 실론:136그루, 콘스탄티노플Constantinople, 지금의 이스탄불:90그루, 데메라라Demerara, 지금의 가이아나 지역:57그루, 포클랜드 제도Falkland Islands:118그루, 플로렌스Florence, 이탈리아:28그루, 그레이타운 모스키토Grey Town, Mosquito:30그루, 홍콩Hong Kong:108그루, 자메이카Jamaica:124그루, 리마Lima, 페루:33그루, 모리셔스Mauritius:36그루, 나탈항Port Natal, 지금의 더반:29그루, 뉴질랜드New Zealand:57그루, 파라Para, 브라질:33그루, 필립항Port Philip, 지금의 멜버른 지역:33그루, 산토도밍고St. Domingo, 지금의 도미니카공화국:34그루, 시에라리온Sierra Leone:71그루, 시드니:392그루, 남호주South Australia:76그루, 트리니다드Trinidad:215그루, 북서

아프리카North West Africa:65그루, 서호주West Australia:46그루, 반디맨즈랜드Van Diemen's Land, 지금의 태즈메이니아:60그루, 발파라이소Valparaiso, 칠레:34그루

　　총 2,722그루가 64개의 워디언 케이스에 나누어 실려 운송되었으며, 이와 별도로 파라 풀Para grass, *Urochloa mutica* 4상자가 추가로 배송되었다. 또한, 이들 대부분의 지역에서 큐왕립식물원 또는 박물관에 매우 귀중한 식물과 자료들이 답례로 보내졌다.

환자 치료 활용에
관심을 가지다

* 물리학자 마이클 패러데이는 한 강연에서 습한 기후가 환
자 치료에 도움이 된다고 언급했다. 이를 알게 된 너새니얼 워
드는 워디언 케이스의 원리를 활용해 인공 기후를 조성하고 의
료 환경에 적용하려 했다.

§

친애하는 워드 선생님,

혹여라도 불편을 끼쳐드렸다면 죄송합니다. 제 기억력이 썩 좋지 않아 정확한 내용을 말씀드리기는 어렵지만, 선생님의 아이디어가 독창적이라는 점을 증명하는 데 기꺼이 도움을 드리고 싶습니다.

다행히 제가 1838년 4월 6일 강연에서 사용했던 노트를 찾았습니다. 노트 내용 중에 "적용Application"이라는 제목이 붙은 페이지의 하단을 보시면, 기후 조절과 관련된 내용이 포함되어 있습니다.

그 부분에서 저는 습도가 높은 북대서양의 마데이라Madeira 섬과 같은 특정 지역의 기후를 인공적으로 조성하여, 이를 환자 치료에 활용할 수 있다는 점을 언급했습니다. 이 자료가 도움이 된다면 자유롭게 활용하셔도 좋습니다. 다만, 사용 후에는 노트를 저에게 돌려주시면 감사하겠습니다.

1851년 11월 4일
왕립연구소에서
진심을 담아, M. 패러데이

폐결핵병원 요양소에
원리를 적용하다

*   너새니얼 워드는 워디언 케이스의 원리가 호흡기 질환 환
자의 치료에도 도움이 된다고 생각했다. 그는 건축가 팩스턴
이 설립을 추진한 폐결핵 요양소와 워디언 케이스의 원리가 유
사하다고 보고, 이에 대해 확인하기 위해 팩스턴에게 편지를
보냈다.

§

존경하는 팩스턴 경,

저의 책 제2판이 현재 인쇄 중입니다. 이 책은 1842년 처음 출간되었으며, 워디언 케이스가 도시에서도 연약한 식물을 건강하게 키우는 데 효과적이라는 점을 강조하고 있습니다. 또한, 이와 동일한 원리가 홍역과 폐결핵 등 인간의 질병 치료에도 적용될 수 있다는 내용을 담았습니다. 팩스턴 경께서 폐결핵 환자 요양소 건립을 주장하실 때, 제 이름이 언급되지 않은 것으로 보아 저의 책을 읽어보지 않으신 듯합니다.

하지만 그때 주장하신 논리가 저의 내용과 거의 동일하다는 점이 흥미로워 이에 대해 확인하고 싶습니다. 제2판 서문에서 이 부분을 언급할 예정인데, 만약 팩스턴 경께서 제 연구와 별개로 동일한 결론에 도달했다는 점을 확인해주신다면, 그 내용을 기꺼이 포함하고자 합니다. 송구스럽지만, 부디 너그럽게 이해해주시길 바랍니다. 답신을 기다리겠습니다.

1852년 8월 21일

클래펌에서

진심을 담아, N. B. 워드

포자 운송 가능성을
확인하다

*　　1852년, 헨리 딘Henry Deane이라는 사람이 너새니얼 워드
에게 편지를 보냈다. 그는 워디언 케이스가 단순한 성체 식물
운송 도구를 넘어, 식물학 연구와 배양 실험의 도구로도 활용
될 수 있다고 강조했다. 이것은 19세기 원예 개념을 확장하여,
종자 보존 연구의 기초를 마련한 전환점이 되었다.

§

친애하는 선생님,

폴란드 식물학자 수민스키[*]가 연구한 '고사리의 생식'에 대해 알게 된 후에, 저도 그의 실험을 따라해보고 싶었습니다. 그래서 저는 저의 워디언 케이스와 큐왕립식물원, 그리고 여러 온실 3곳에서 고사리를 관찰했습니다. 하지만 곧 예상치 못한 어려움에 부딪혔지요.

수민스키가 설명한 번식 기관을 가진 식물은 쉽게 찾을 수 있었지만, 고사리의 발달에서 중요한 역할을 하는 섬모 세포는 거의 관찰되지 않았습니다. 더구나 종마다 차이가 있어 정확한 비교 관찰이 어려웠습니다. 이 문제를 해결하려면 특정 종을 안정적으로 키울 수 있는 방법을 고안해야 했지요.

일반적으로 고사리의 포자는 습한 모래 위에 뿌려 발아시키는 방법이 주로 사용되지만, 이 방식은 신뢰하기 어려웠습니다. 왜냐하면 흙 속에 다른 식물의 포자가 섞여 있을 가능성이 높아, 다른 식물이 자라는 경우가 많았기 때문입니다. 설령 순수한 개

---

[*] 레슈치치–수민스키(Leszczyc–Sumiński, 1820∼1898). 폴란드의 식물학자. 《양치식물의 발달 과정》(1848)에서 양치식물이 정자와 난자를 통한 유성생식을 한다는 사실을 밝혀냈다.

체가 제대로 발아된다고 해도, 현미경으로 관찰을 하려면 모래와 이물질을 등을 제거하는 과정에서 연약한 잎이 손상될 위험이 있었습니다.

그래서 저는 물을 쉽게 흡수하고 유지할 수 있는 다공성 재료를 찾게 되었습니다. 그중 아주 미세한 입자를 가진 사암을 알게 되었지요. 이 재료는 실험에 이상적인 조건을 갖추고 있었습니다. 저는 사암을 1~2센티미터 크기로 부수고, 두께는 1센티미터 이하로 가공했습니다.

이후 표면을 평평하고 매끄럽게 다듬어 현미경 관찰이 용이하도록 했습니다. 이렇게 하면 사암 조각을 균일하게 정렬할 수 있어 연구에도 유리했습니다. 포자를 뿌리기 전에 사암 조각 내의 미생물을 제거하기 위해 오븐에 가열하여 멸균 처리를 했습니다. 그 후 증류수로 적시고 유리 덮개로 덮어 포자 번식을 준비했습니다.

성숙한 고사리의 잎을 채취한 후, 포자가 자연스럽게 떨어질 수 있게 했습니다. 잎을 흰 종이 두 장 사이에 놓고, 그 위에 책을 올려두었습니다. 이렇게 며칠을 두면 포자가 자연스럽게 떨어져나옵니다. 이 포자를 사암 위에 조심스럽게 옮겼습니다. 포자가 너무 빽빽하게 쌓이지 않도록 고르게 퍼트리는 것이 중요했습니다.

약 60시간 후부터 포자가 발아하기 시작했습니다. 하루하루 빠르게 성장했습니다. 저는 이 방법으로 여러 종의 고사리를 성공적으로 발아시킬 수 있었습니다. 포자가 처음 싹트는 순간부터 성숙한 식물로 자라기까지 전 과정을 관찰할 수 있었지요.

포자 번식으로 고사리를 키우려는 많은 사람들이 "아무리 원하는 종의 포자를 뿌려도 결국 다른 식물이 자란다"고 말합니다. 그들의 경험에서 나온 말이겠지만, 정확히 그 원인을 알지는 못했습니다. 하지만 제 실험의 결과는 정반대였습니다. 적절한 조건만 갖추면, 신선하고 완전히 성숙한 포자로부터 원하는 종을 정확하게 키울 수 있었습니다.

현재 가치가 높고 희귀한 종이나 이 나라에 아직 알려지지 않은 일부 종은, 선생님의 워디언 케이스로 운반하더라도 들여오기 어려운 경우가 있습니다. 하지만 해당 식물의 자생지에서 포자를 적절한 재료사암, 벽돌, 타일, 나무, 나무껍질, 숯 등에 뿌린 후, 워디언 케이스에 밀봉해온다면, 성체 식물을 운반하는 것보다 훨씬 간편해집니다. 이렇게 하면 장거리 항해 중에도 손쉽게 보관할 수 있습니다.

선생님의 책 66페이지에서 "흙의 겉표면"을 배지培地, 식물 배양을 위한 매개체의 개념으로 표현하셨다는 걸 알게 되었습니다. 어떤 종은 환경 변화에 민감하여 쉽게 옮겨 심을 수 없기 때문에, 이런 식물들은 포자를 적절한 돌이나 나무 조각 위에서 발아시킨 후, 화분이나 벽 틈, 암석 정원 등에 옮기는 방법이 효과적입니다.

제가 실험에 사용한 것과 같은 질 좋은 사암 위에 습기를 좋아하는 고사리의 포자를 뿌리고 이것을 워디언 케이스에 넣으면, 거실이나 작은 정원의 아름다운 실내 온실로 활용할 수 있을 것입니다.

시간이 흐르며 서서히 고사리가 성장하는 모습을 지켜보는 일은, 단순한 즐거움을 넘어 식물의 생장 과정을 직접 경험하고 자연에 대한 이해와 깊은 애정을 느낄 수 있는 소중한 기회가 될 것입니다.

저는 지금까지 수많은 식물을 보아왔지만, 이렇게 작은 고사리가 자라는 과정을 지켜보며 느낀 경이로움과 기쁨은 그 어떤 경험과도 비교할 수 없었습니다. 이처럼 간단하면서도 누구나 쉽게 접근할 수 있는 방법이 더 많이 알려져서, 많은 사람이 제가 느낀 즐거움을 공유할 수 있기를 바랍니다.

이러한 작은 정원을 워디언 케이스에 키울 때 꼭 지켜야 할 것이 있습니다. 포자를 뿌리는 재료는 반드시 다공성이어야 합니다. 그래야 아래에서 물을 공급하면 모세관현상으로 위쪽까지 수분이 전달됩니다. 그리고 충분한 빛이 필요하되 직사광선에 직접 닿아서는 안 됩니다. 이 단순한 원칙만 지킨다면, 누구나 쉽게 아름다운 작은 고사리 정원을 만들 수 있을 것입니다.

1852년 8월 27일

클래펌에서

진심을 담아, 헨리 딘

저자 후기

이 책을 집필한 후, 1842~1846년 사이 《계간리뷰Quarterly Review》에 실린 글 하나가 눈에 들어왔다. 이 글은 내가 미처 표현하지 못한 생각을 너무나도 아름답게 담고 있었다. 편집자는 워디언 케이스가 식물 운송에 활용되는 것에 대해 설명한 후 다음과 같이 썼다.

§

워디언 케이스가 과학 연구 목적으로 훌륭하게 활용될 수 있듯, 병든 이의 침실에도 적용될 수 있다. 우리에게는 만성 질환이나 쇠약한 몸으로 오랜 시간 방 안에 머물러야 하는 친구가 한 명쯤은 있다. 한때는 활기차고 많은 이들에게 사랑받던 사람이 이제는 병 들어 움직일 수 없고, 몇몇의 방문자들과 자수를 놓거나 새로운 잡지를 읽는 소소한 취미에 의지하며 하루를 보낸다.

그러나 이러한 소소한 즐거움마저도 익숙해져 더 이상 위안이 되지 않을 때, 그녀에게 가장 큰 기쁨이 되어줄 것은 무엇이었을까? 그것은 갓 꺾어온 꽃과 화분 속의 식물이었다. 그녀는 이 작은 생명체들을 애정 어린 손길로 가꾸며 마치 친구를 돌보듯 보살핀다. 그러나 그녀는 점점 쇠약해져 가는 자신의 모습과 대비되는 식물의 푸르른 싱그러움에서, 오히려 묘한 위안을 느꼈다.

어느 가을 저녁, 주치의가 평소보다 늦게 회진을 했다. 방 안에는 짙고 달콤한 꽃 향기가 감돌았지만, 그는 그녀의 상태가 오늘따라 좋지 않다는 것을 직감했다. 그때서야 그는 방 한쪽에 놓인 미뇽네트Mignonette, *Reseda odorata*와 제라늄을 발견했다.

식물들이 이미 오랫동안 그 자리에 있었다는 것을 알게 된 그는, 식물이 그녀의 건강에 미칠 영향을 곰곰이 생각했다. 그러고는 산소와 수소에 관해 몇 마디 과학적 설명을 덧붙인 후, 그녀가 아끼던 화초들을 즉시 방에서 치우도록 조치했다.

다음 날 아침, 방 안에는 꽃이 없었다. 그녀의 상태도 나아지지 않았다. 오히려 방 안에는 무언가 잃어버린 듯한 공허함이 감돌았고, 그녀의 시선은 허공을 더듬었다. 의사는 마음이 신체에 미치는 영향을 누구보다 잘 알고 있었다. 그리고 기독교인으로

에보니 받침 유리돔 케이스

흑단나무(에보니)로 만든 받침대 위에 유리돔을 씌운 케이스. 흑단은 밀도가 높아 가공은 어려운 반면, 내구성이 좋아 고급 가구나 악기 등에 많이 사용되었다.

서, 그녀의 상실감을 어떻게 달랠 수 있을지 고민했다. 그는 그녀가 아끼던 꽃들에 대한 애틋한 이야기를 들으면서도, 아무 말 없이 미소만 지었다.

그날 저녁, 커다란 상자 하나가 그녀 앞으로 배달되었다. 겉면에는 "이 면을 위로 유지할 것. 조심스럽게 다룰 것"이라는 문구가 적혀 있었다. 갑작스러운 선물에 대한 호기심으로 방 안이 술렁였다. 조심스럽게 못을 빼고, 단단하게 묶인 매듭을 풀었다. 마침내 뚜껑이 열렸다.

그 안에는 타원형의 커다란 유리 덮개가 에보니 받침대에 단단히 고정되어 있었다. 유리 상자 바닥에는 촉촉한 모래가 깔려 있었다. 그리고 모래 위로 작고 섬세한 고사리들이 이제 막 어린 잎을 틔우고 있었다. 이 작은 이국의 식물들은 완전히 유리 덮개 안에서 자신만의 세계 속에서 조용히 자라고 있었다. 신비롭게도, 그들은 놀라운 속도로 성장하며 포자를 퍼뜨려 다음 세대를 위한 생명을 잇고 있었다.

그녀는 손을 뻗어 유리 덮개를 어루만지며 미소를 지었다. 매일매일 변화하는 식물들의 모습은 그녀의 마음을 사로잡았고, 방 안의 공기를 맑게 정화하는 동시에 스스로의 성장에도 이상적인 환경을 만들어주었다. 완벽한 대안이었다.

다음 날 아침, 주치의가 회진을 왔다. 그녀는 예전과 같은 환한 미소를 띠었다. 비록 완치는 인간의 능력을 넘어서는 일일지라도, 그는 적어도 그녀의 마음을 가볍게 하고, 잃어버렸던 작은 기쁨을 되찾아주었다는 것에 만족했다.

옮긴이 **이나영**

국민대학교 디자인대학원에서 석사를 마쳤으며, 국립현대미술관을 거쳐 갤러리 큐
레이터로 근무하였다. 현재는 출판기획과 번역을 하고 있다. 옮긴 책으로는 〈앤드
류 루미스 인체 드로잉〉〈앤드류 루미스 얼굴과 손 드로잉〉 등이 있다.

워디언 케이스

1판 1쇄 찍음   2025년 3월 21일
1판 1쇄 펴냄   2025년 3월 28일

지은이 너새니얼 B. 워드
옮긴이 이나영
펴낸이 이정희
책임편집 신주현
디자인 김채운
마케팅 신보성
제작 (주)아트인

펴낸곳 미디어샘
출판등록 2009년 11월 11일 제311-2009-33호

주소 03345 서울시 은평구 통일로 856 메트로타워 1117호
전화 02) 355-3922
팩스 02) 6499-3922
전자우편 mdsam@mdsam.net

ISBN 978-89-6857-248-7 03520

www.mdsam.net

MEDIA SAM GREEN LIBRARY
미디어샘의 식물책

처음 식물
식물과 함께 성장한 식물집사의 공감 에세이

사무실 공간의 절반을 식물로 채워버린 저자가 식물을 키우면서 겪은 이야기와 식물을 통해 만난 사람들의 친밀한 이야기를 담은 에세이. 식물을 키우면서 식물과 같이 성장하는 기분을 느낀 사람들에게 폭풍 공감을 일으킬 만한 이야기로 가득하다.

신주현 지음 | 248페이지 | 값 17,800원

글로스터의 홈가드닝 이야기
10년 홈가드닝 노하우를 한 권이 담아낸 책

우리 환경에 맞는 열대 관엽식물 키우는 노하우를 총망라하여 모든 식물집사들이 적용할 수 있는 원리를 알기 쉽게 설명한 식물실용서. 200여 컷의 직관적인 일러스트가 이해를 돕고 있어, 열대 관엽식물을 좋아하는 식물집사들에게는 더없이 좋은 가이드다.

박상태 지음 | 244페이지 | 값 19,800원

실내 가드닝 DIY의 모든 것
가드닝 용품 만들기부터 가드닝 관리 팁까지

네이버 인플루언서 '글로스터'가 10여 년간 쌓아온 실내 가드닝 DIY 노하우를 담았다. 마요네즈통 모종삽에서부터 습기제거제 통 물꽂이용기에 이르기까지 친환경 아이디어로 가득할 뿐 아니라, 화분 세척법, 분갈이 흙 보관법 등 실내 가드닝에 꼭 필요한 팁도 함께 담아냈다.

박상태 지음 | 124페이지 | 값 15,000원

테라리움 잘 만드는 법
테라리움 제작과 유지 관리의 모든 것

테라리움의 역사와 테라리움의 원리뿐 아니라, 유리병 테라리움, 육면체 테라리움, 그리고 육지와 물이 공존하는 팔루다리움에 이르기까지 제작법에 대한 알짜 노하우를 담아낸 책. 또한 레이아웃의 방법과 재료 소개, 테라리움에서 식물을 잘 키우기 위한 노하우까지 아낌없이 털어냈다.

김윤구 지음 | 136페이지 | 값 15,000원